摆脱死记硬背

清华学长
总结的高效记忆方法

陈陆淼 著

清华大学出版社
北京

内 容 简 介

如何充分发挥记忆的潜能，快速高效地提高学习成绩？本书从大脑的结构出发，讲述了如何开发记忆潜能、打开记忆"潘多拉"，重点介绍了思维导图、多种常用记忆法和特殊记忆法，并针对不同学科总结归纳了很多记忆方法和学习方法，是学生尤其是高中生培养良好学习习惯的宝典。

图书在版编目(CIP)数据

摆脱死记硬背：清华学长总结的高效记忆方法 / 陈陆淼著. — 北京：清华大学出版社，2017（2022.3重印）

ISBN 978-7-302-48640-4

Ⅰ.①摆… Ⅱ.①陈… Ⅲ.①记忆术 Ⅳ.①B842.3

中国版本图书馆 CIP 数据核字(2017)第 261656 号

责任编辑：张立红
封面设计：邱晓俐
版式设计：方加青
责任校对：郭熙凤
责任印制：丛怀宇

出版发行：清华大学出版社
　　　　　网　　址：http://www.tup.com.cn，http://www.wqbook.com
　　　　　地　　址：北京清华大学学研大厦 A 座　　　　　　邮　　编：100084
　　　　　社 总 机：010-83470000　　　　　　　　　　　　邮　　购：010-62786544
　　　　　投稿与读者服务：010-62776969，c-service@tup.tsinghua.edu.cn
　　　　　质 量 反 馈：010-62772015，zhiliang@tup.tsinghua.edu.cn
印 装 者：三河市铭诚印务有限公司
经　　销：全国新华书店
开　　本：170mm×240mm　　　**印　　张**：15　　　**字　　数**：209 千字
版　　次：2017 年 12 月第 1 版　　　**印　　次**：2022 年 3 月第 6 次印刷
定　　价：55.00 元

产品编号：074396-01

　　有的学生觉得学习苦不堪言，而有的学生则对学习乐此不疲，这些差异的主要原因是学生对大脑记忆的使用不同。学生有好的记忆力就像士兵有一杆好枪，好的记忆力能帮助学生达到最佳的学习效果，轻松愉快地完成学习任务。所以，在学习的时候能够保持一个良好的记忆状态非常关键，学生要为自己找到一套适合自己的记忆力训练方法和一本能灵活调用的记忆方法宝典，让自己能及时地发现记忆中的问题，有针对性地解决问题，勇往直前。

　　为了让学生更好地认识记忆原理，作者介绍了大脑的具体结构以及大脑记忆的分工，解释了学生日常学习中出现的遗忘、疲劳等的原因，强调在学习中要及时调整自己的情绪，保持良好的学习状态。保持良好的作息时间以及健康的饮食结构，能让记忆事半功倍。记忆过程中还需要集中专注力、观察力、创造力、想象力等，形成一股刺激记忆的强大动力，保持积极向上的心态，拒绝成为"记忆僵尸"。

　　书中有条理地介绍了各类常用的和特殊的记忆方法，通过实际案例介绍记忆方法的运用过程，让学生轻松掌握。比如，思维导图记忆法是一种集合了图、表、色彩等多种元素的记忆方法，可以让学生充分发挥左右脑的作用。学生在了解这些记忆方法的同时要建立适合自己的记忆方法库，从而在记忆内容时灵活地"调用"这些方法，发挥其高效作用。书中结合学习高中语文、数学、英语、理综和文综时的记忆特点，有针对性地介绍了相关的记忆方法，希望学生能以此为例掌握最佳的记忆技巧。

好的学习离不开好的记忆，记忆会伴随我们一生。掌握记忆训练方法，持续强化记忆的作用，那么我们的记忆就永远保持在一种积极的状态中，不仅对学习，而且对工作和生活也有很大帮助。高中生学习任务重，课业形式多样，正是需要记忆和训练记忆的最佳时间。通过阅读本书，读者可以找到一套适合自己需要的记忆方法，并以此训练自己的记忆能力，让自己成为一名真正的"记忆大师"。

本书特色

1. 内容科学实用、详略得当，指导学生树立积极价值观

本书内容涵盖了日常作息、生活饮食等多种贴近生活的记忆知识，论证了记忆离不开生活，记忆离不开科学的事实；让学生了解大脑记忆的原理，从身边的事情做起，去促进高效记忆。拥有良好的生活和学习习惯能让记忆更轻松，而积极的心态能让记忆变得快乐。内容逻辑性强，强调学生学习的动力、专注程度以及正能量的情绪不仅能激发记忆细胞的活跃性，加速记忆，还能帮助学生树立正确且积极的价值观。

2. 行文平实贴切，案例导入，适合各层次阅读水平的学生

本书介绍的记忆方法和技巧是有条理有步骤地叙述的，并通过案例进行验证说明，帮助学生加深理解的同时也能灵活运用这些记忆方法。无论是高中生还是其他需要掌握记忆方法的读者，从本书中都能找到适合自己的记忆方法和技巧，能建立一个良好的记忆模式，在应对不同记忆内容时能快速作出选择，达到高效记忆的目的。

3. 特有的归纳方式，让学生主动找到自己的记忆方法

本书针对高中学科内容差异大、记忆方法各有侧重的特点，具体介绍了如何运用记忆方法、如何定位记忆方法、如何进行日常记忆训练，引起读者思考，加强读者的信心，使读者找到属于自己的学习记忆模式。

本书内容及体系结构

第1章　最强大脑，开发100%

本章从大脑的结构、记忆的潜能、大脑的疲劳机制、记忆的遗忘曲线和大脑记忆细胞的分工等几个方面介绍了大脑的记忆能力。介绍了睡眠和饮食对于记忆的影响，帮助读者制定科学高效的生活作息表，选择对自己成长和学习有利的食物，做到劳逸结合的同时还能促进记忆学习。从科学的角度分析大脑的记忆原理，指导读者培养良好的大脑使用习惯，让大脑轻松地达到高效学习和记忆的效果。

第2章　打开记忆"潘多拉"

本章讲述了学习动机、专注力、压力、想象力、创造力、快乐情绪、观察力等对记忆产生的影响。在学习中要保持积极的态度，充分发挥个人的主观能动性，拒绝成为"记忆僵尸"。

第3章　记忆魔法——思维导图

本章介绍了思维导图的起源、定义、绘制过程，以及记忆效果和思维记忆的形成。利用思维导图进行记忆需要逻辑性、技巧性和全面性，所以要从最基本的一笔一画来绘制思维导图，充分运用思维导图记忆的原则，用简单的图示表示复杂的知识体系，从而达到深刻记忆的效果。

第4章　常用记忆法

本章介绍了学习中常用的记忆方法，比如背诵、抄写、总结、图表、联想、比喻、比较、规律、分类、自测、理解、笔记和形象记忆法，通过对记忆法的理论讲解以及案例说明，使读者能够掌握和运用这些方法，并找到最合适的记忆方法。

第5章　特殊记忆，出奇制胜

本章针对学习中遇到的一些特殊问题介绍了一些特殊的记忆方法，比如宫殿、歌诀、"滚雪球"、数字编码、纵横交错、触景生情、集中分散、互动交际、闭眼睡觉、关键点记忆法等，让读者学习各门学科或者记忆材料时能找到最佳的记忆方法，在短时间内达到长时记忆的目的。

第6章 记忆训练，开发你的潜能

本章介绍了以记忆方法为基础训练记忆力的方法。读者要从学习的状态出发，利用大脑的机制和习惯的作用，从训练手段、训练频率的选择开始，制订一套合理有效的记忆训练计划，让自己的记忆能力达到最佳。

第7章 高中语文的记忆方法

本章介绍了高中语文记忆主要集中在具有情境和情感寄托的大量文字上，其中重点讲述了基础知识、文体特征、语感、作文材料的记忆方法，以此培养语文综合应用能力，让读者面对不同文学材料都能真正达到灵活运用语言的水平。

第8章 高中数学的记忆方法

本章介绍了高中数学记忆主要集中在具有符号逻辑意义的定理公式或者数字上，其中重点讲述了数字、定理公式、解题方法、思维方法的记忆方法，突出数学学科重在推理逻辑，强调解题的技巧性，让读者达到针对不同已知条件都能知道题设本质的水平。

第9章 高中英语的记忆方法

本章介绍了高中英语记忆主要集中在单词和语法上，重点讲述了单词、语法、阅读理解、出题模式、作文的记忆方法，强调了英语的综合应用能力，并从出题者角度介绍了出题陷阱和解题方法，让读者能做到短时间内完成高效解题。

第10章 高中理综的记忆方法

本章介绍了理综记忆集中在多种符号、推理公式上，结合物理、化学和生物三门学科的特点，重点介绍了推理记忆、口诀记忆、图示记忆和实验记忆在这些学科中的循环使用，并通过具体案例进行详细说明，使读者能掌握技巧，灵活选择。

第11章 高中文综的记忆方法

本章介绍了高中文综记忆集中在大量的理解性文字上，结合政治、历史和地理三门学科的特点，重点介绍了在这些学科中的高频运用的提纲记忆、归类记忆、数字记忆和比较记忆，并通过具体案例进行详细说明，使读者能自主选择。

本书读者对象

- 初中生
- 高中生
- 大学生
- 学生家长
- 教学需要的教师
- 其他对记忆有兴趣的各类人员

关于作者

本书由陈陆淼（笔名杉水）组织编写，同时参与编写的还有张昆、张友、赵桂芹、郭现杰、陈冠军、姚志娟、魏春、张燕、孟春燕、项宇峰、肖磊鑫、李杨坡、刘春华、黄艳娇、刘雁、朱翠元、郭元美、吉珊珊等。

目 录
Contents

第4章
常用记忆法 ·· 64

第6章
记忆训练，开发你的潜能

第7章
高中语文的记忆方法

第 1 章
最强大脑，开发100%

你了解自己的记忆潜能吗？

你知道遗忘的秘密吗？

你会用大脑吗？

一个好记忆，需要灵活运用我们的大脑。我们从认识大脑出发，去挖掘记忆的奥秘。我们可以让自己拥有一个"最强大脑"，前提是要学会有效地开发大脑，激发潜在的记忆能力，并持续保持大脑的灵活性。

1.1 认识遗忘规律 ☆

记忆最大的障碍是遗忘。有些人可能认为遗忘得快是不能改变的事实，就以此作为自己学习不好的理由，其实是我们不了解遗忘规律。

任何人都有遗忘的时候，我们的大脑会有选择性地遗忘没有被重视的内容。

1.1.1 遗忘原因

掌握记忆的原理要先了解记忆的敌人——遗忘。遗忘分几种情况：能再认不能再忆的，称为不完全遗忘；既不能再认也不能再忆的，称为完全遗忘；一时不能再认或再忆的，称为临时性遗忘；永久不能再认或再忆的，称为永久性遗忘。

遗忘是由很多因素导致的。仅仅是忘记了一些事情，并不意味着这段记忆被完全抹去，只是很难将它们从脑海深处提取出来，因为较新的信息此时占上风，但旧的记忆很可能仍在你的脑海中。

我们如果想唤醒记忆，就要了解出现遗忘的原因，然后对症下药。对于遗忘原因，科学家们有不同的看法，归纳起来有以下四种。

1. 衰退说

衰退说是最常被提及的，认为遗忘是记忆痕迹不能被强化所导致的结果。可见，记忆需要不断强化，才能真正达到记忆的效果。比如在学习中很常见的情形是新课学习之后一定要复习，如果不复习就容易忘记；或者理科生在学完文科知识后再也不接触，基本就会忘记这些内容。

2. 干扰说

干扰说认为，大脑在学习和记忆中受到相似或者刺激性干扰，导致了信息混淆，从而干扰了记忆效果。比如，在学习英语时，遇到字母拼写相似的单词很容易在运用时出现混淆，如果不利用对比记忆很容易出错。从大脑的作用方面，干扰可分为前摄干扰和倒摄干扰。

3. 压抑说

压抑说认为，遗忘是由情绪上的消极或者动机上的压抑所导致的。这个因素常被忽视，它是弗洛伊德在临床试验时发现的。比如，如果考试过程中过度紧张或者情绪过于压抑，我们在做题时容易出现大脑一片空白，或者记忆出错。而学习中如果压力过大就会有厌倦的想法，这时就更不可能记住那些重要的知识。

4. 提取失败说

提取失败说通常是指记忆系统中的知识提取功能出现了问题。它认为不同的知识会存储在不同的位置，只要学过的东西就永远不会忘记，但对于很少用到的知识在提取时会找不到方向，从而导致提取失败。

我们的大脑就像一个巨大的图书馆，如果没有做好编排和分类，就无法准确找到所需要的知识。但如果一开始就利用分类、总结等记忆方法，就能在提取的时候很快找到相应的知识。

对高中生来说，归类的记忆能力非常重要。因为高中的知识体系基本是由各章节内容组成的，我们可以从中找到分类规律，在复习时将知识点按照这种分类方式进行系统整理，从而强化记忆。

1.1.2 遗忘曲线

　　时间在遗忘规律中非常重要。所谓高效学习是有技巧和方法的，我们要利用科学家的研究成果来提高自己的记忆力。

　　德国心理学家赫尔曼·艾宾浩斯研究发现，遗忘在学习之后立即开始，而且遗忘的进程并不是均匀的。最初遗忘的速度很快，然后逐渐变慢。他认为"保留和遗忘是时间的函数"，并根据自己的实验结果绘制了遗忘进程的曲线，即著名的艾宾浩斯记忆遗忘曲线，如图1-1所示。

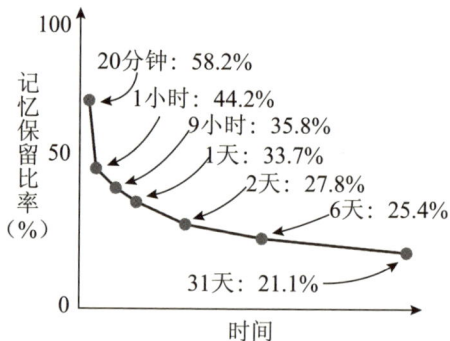

记忆保留比率（%）

100

50

0

20分钟：58.2%
1小时：44.2%
9小时：35.8%
1天：33.7%
2天：27.8%
6天：25.4%
31天：21.1%

时间

图1-1　艾宾浩斯记忆遗忘曲线

　　这条曲线告诉我们：遗忘是有规律的，遗忘的进程不是均衡的，不是固定的一天丢掉几个，转天又丢几个，而是在记忆的最初阶段遗忘的速度很快，然后逐渐减慢，过了相当长时间后，几乎就不再遗忘，这就是遗忘的发展规律，即"先快后慢"的原则。也就是说，学的知识在一天后，如不抓紧复习，就只剩下原来的33.7%。随着时间的推移，遗忘的速度减慢，遗忘的数量也就减少。

行动起来

　　根据遗忘规律的图示，我们知道为什么学习时要遵循"预习—学习—复习"的三步学习法了，因为这是我们记忆的最佳模式。我们每次学习新课程时一定要注意循序渐进地学习，对知识点的复习也不要等到忘记的时候才去做。如果根据遗忘规律去规划，对很多知识就能形成深刻的记忆了。

行动起来，养成复习的好习惯吧。

1.2　大脑长啥样，你知道吗☆

遗忘是有规律的，想要高效利用这个规律就需要认识我们的大脑，从而很有效地控制我们的学习行为。那么大脑是怎么具体分工和配合的呢？大脑的作用非常强大，如果我们不了解大脑的工作原理，就会错失发挥它最大作用的机会，使我们的大脑在学习和生活中更显疲惫。下面我们详细介绍大脑的构成和分工。

如图1-2所示，人类大脑由前脑、脑干、小脑组成，其中前脑包括端脑和间脑，各自进化得来的时间是不一样的，功能也就有所差别。大脑端脑是由左右两半球组成，是人类大脑的最大部分。它是控制运动、产生感觉及实现高级脑功能的高级神经中枢，主要包括大脑皮质、大脑髓质和基底核三个部分。

大脑的每一部分都是有分工的，在我们日常生活和学习中都有各自的"任务"，所以我们要了解自己的大脑结构。

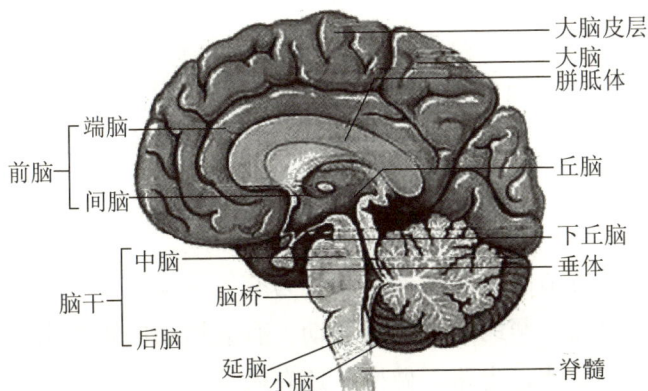

图1-2　大脑结构

从大脑的新旧来划分，可以将我们的大脑分为古大脑和新大脑，古大脑是大脑的中心部分，相当于前面所说的大脑髓质部分和脊髓神经，是神经中枢所在地，是人类没有成为人类以前就存在的大脑；新大脑是人类大脑的边缘部分，相当于大脑皮质部分，是人类成为高智商人类的原因所在。

古大脑依靠生物钟的母钟发挥功能，新大脑依靠刺激发挥功能。它们相互影响，新大脑可以使古大脑产生功能变化，比如心跳和呼吸加快等；古大脑也可使新大脑发育和功能受阻，比如天生的痴呆儿。

我们很多人都是因为忽视了大脑的真正作用，学习中才会遇到各种问题，所以，在学习过程中对于大脑结构的认识非常关键。

大脑是全身耗氧量最大的器官，占人体总耗氧量的1/4，因此充足的氧气有助于提高大脑工作效率，保持高度的注意力。我们很多时候过于关注自己的学习内容，而忽视了自己的学习环境，导致学习效果不好，这就是不重视大脑耗氧量造成的结果。我们在学习用脑时，需特别注重环境中的空气质量。

平时学习时一定要注意补充水分，因为大脑是由80%以上的水组成，大脑获取的所有信息都是通过细胞液以电流形式进行传送的，而水是电流传送的主要媒介。在读书或做功课前，先饮1~2杯清水，有助于大脑运作。

大脑是人体进行思维活动的最精密的器官。防止脑功能衰退最好的办法是勤于用脑。大脑运作有效，记忆效果自然就提上来了，所以想要提高自己的智力，就要有一个良好的生活习惯以及规律的作息安排。在此，要特别强调我们日常的运动习惯。很多同学因为高中课业繁重以及作业任务多而忽视了运动，这其实是得不偿失的选择。规律的有氧运动与有一定技巧的复杂运动相结合，最能起到锻炼大脑的作用。

如何选择合适的运动呢？运动分为有氧运动和无氧运动，而对于我们学习和记忆有帮助的是有氧运动。有氧运动的种类很多，比较常见的有慢跑、游泳、走路、做操，还有做瑜伽、骑自行车等。这些运动只有坚持40分钟以上的锻炼时间，才能有效地帮助我们调节心情、治疗失眠等。

有的同学可能会说，找不到合适的时间进行有氧运动，其实这是找借口。有氧运动一周安排4次左右为佳，每次持续半个小时左右，强度不会太大，但一周2个小时的运动却能帮助我们在学习时提高记忆效率。有数据显示，坚持规律的有氧运动4个月之后，睡眠效率就会明显提高，总的睡眠时间会延长1个小时，还能大幅度地提高大脑记忆力、专注力等认知学习功能。

为什么强调有氧运动呢？很多案例告诉我们这些运动不仅能让我们有一个健康的身体，保证学习的持续性，而且能给我们带来"灵光一现"的灵感，提高创新能力。比如有的同学喜欢舞蹈，在跳舞中调动身体多个部位，动作从不协调到协调，就是对于大脑的一种训练；还有的同学喜欢打球，如网球、乒乓球、羽毛球、篮球等，通过对身体的控制来灵活应对场上变幻莫测的情况，也能很好地训练大脑的反应能力。

如果大脑训练得非常"灵活"，那么我们在日常学习中将会事半功倍。可以说，运动是用另一种方式来提高大脑的运作效率，然后反过来作用于学习记忆的过程，这就是我们在适当的运动之后学习效率大大提高的原因。

运动还有一个重要的作用是促进血液循环，增加血流量。大脑运作需要血液流通，也就是说大脑运作需要能量供给，而这里的能量是指氧气和葡萄糖，它们通过血液流动被输送到大脑。所以，运动让能量的运输畅通无阻，脑细胞得到了充足的养分和葡萄糖，大脑自然能保持"力量满满"的状态。

除了运动之外，音乐也是一种刺激大脑活动的方式，不同的曲调、节奏、歌词能让大脑有不同的反应，从而刺激脑细胞活动。听音乐可以改善大脑的生长，大脑中负责信息处理和反应的区域就会变得更发达，因此音乐对大脑活动具有永久的促进作用。听音乐不仅能提高大脑的思维能力，还能维护大脑的神经功能。

行动起来

了解了大脑的构成和功能，是不是可以好好地思考如何运用我们所拥有的"记忆工具"，为自己选择合适的运动方式和音乐形式，让自己的大脑活跃起来，让自己的记忆状态永远处于兴奋的"频率"中。

1.3 大脑的容量 ☆

一直以来都有一种说法：人类仅仅使用了大脑的10%，甚至有人认为只用了5%。无论这种说法是不是一种"传说"，但它表示我们对于大脑的利用并不是完全的。

我们每天都会积累新的记忆：存了几个电话号码，记了几个单词，或者是对某个故事印象深刻。随着新信息的不断累积，我们也许会担心自己的大脑被塞满。

但是我们的大脑真的会这样吗？我们的大脑可能会像硬盘一样被充满吗？这个问题一直是我们担心的，一旦我们了解了大脑记忆的方式就大可放心了。其实大脑的容量可谓是"无限"的，只要在记忆的时候重视方法和技巧。

大脑记忆的类型可以分成三种：感观记忆、短时记忆和长时记忆。并不是每一段记忆都会被存放在一个细胞里，然后存满所有细胞，而是长时记忆在神经回路（神经元组成的回路）中进行编码后被存储起来。大脑组成新神经回路的能力是无穷无尽的，因此从理论上来说，存储在这些神经回路中记忆的数量可以是无穷无尽的。

记忆并不会乖乖待着不动。就像相似却又不同的物种一样，记忆之间也会进行"杂交"，创造出类似骡子的结果。如果我们想不起来某段记忆，这段记忆就没有多大价值了，而且相似的记忆会对它产生干扰，妨碍我们想起正确的记忆。

我们的大脑必须形成正确的运作模式，才能成功地存储记忆。从理论上来说，长时记忆是没有限制的。平时我们记忆时发现有些知识记不住，这并不是因为我们的"脑容量"不足，而是知识和信息之间的干扰让记忆出现了混乱。只要我们在记忆中对这些知识进行分类和对比，自然就能很清晰地记下来。

短时记忆的方式和长时记忆不同，它是有时间限制的。大脑也会出现"塞满"或"过载"的状态，这也是短时记忆的时效短、记忆的内容也不多的原因。短时记忆一般适用于临时信息处理，比如记下马上要运用的单词，或者在交谈中激发的灵感等。

对于学习来说，短时记忆并不是我们追求的，因为短时记忆记住的并不多而且容易出错。如果我们对于学习的内容只是短时记忆，那就意味着我们的学习没有太好的效果，应对考试仍有很大的困难。

一般我们需要对不同的知识进行分类，然后合理分配自己的短时记忆和长时记忆。短时记忆有一定的认知作用，将短时记忆转变为长时记忆是学习的过程。我们的大脑通过提取重要知识、对信息进行分类、对比等过程，最大效率地处理大量信息，以求达到长时记忆。

我们在学习中要学会灵活运用短时记忆和长时记忆，尤其是长时记忆。我们要记住的是，大脑的容量几乎是没有限制的，只要学会用科学的方法开发大脑，就能让大脑在记忆和学习中发挥更大的作用。

行动起来

对于大脑的开发，不是用更多的氧气或者血流量供给大脑让其运作，就可以使其很好地发挥作用，事实上反而会给大脑增加负荷，而是要找到最适合大脑接受信息的方法。其实，人的记忆和学习是有科学规律可循的，从现在开始我们应利用体育锻炼等健康的方式找出更科学的方法来学习记忆。在学习中我们需要了解大脑，聪明地学习。

1.4　大脑会疲劳吗 ☆

我们在学习中想不出答案的时候会想："我的大脑太累了，头疼。"也经常会这样说："不行，我学得太苦了，得休息一下，脑子都混了。"言下之意，大脑已经疲倦了，该休息了。

其实这就是一种借口，因为这是没有事实根据的。我们的大脑与肌肉是不同的，肌肉长时间处于紧张状态，必然会产生酸痛感，而长时期的脑力劳动却不会使大脑疲倦。如果你在长时间的脑力劳动后感到有些疲惫，那不是大脑的疲倦，而是身体的某些部位疲倦了。

我们可以回想一下最近一次长时间的脑力劳动，是哪个部位最先感到疲劳呢？眼睛，最有可能先疲劳，因为长时间盯着某物，眼部肌肉会过度紧张；其次，颈部和背部肌肉也会很快发紧。

我们的大脑不会疲劳，但我们的大脑会告诉我们身体疲劳了，同时给出需要休息的警示。因此学习记忆时我们不要担心东西过多会耗尽脑容量，要坚信大脑的记忆潜力，要对自己的大脑有信心，但同时要重视大脑给出的疲劳信号。我们可以继续用大脑，但要注意方法。

行动起来

记忆疲劳时我们可以换个方式学习，比如一直盯着书本看的你，可以闭上眼睛好好回忆刚刚看过的内容，厘清思路；或者站到窗口看看远方，想想接下来的学习计划。这些记忆形式的转变不仅能够让我们的身体得到休息，同时还能让大脑更有效地工作，何乐而不为呢？

1.5　大脑的智能分工 ☆

大脑是可以做到智能分工的，而且针对不同的内容会有选择性地进行记忆，但往往我们忽视了这种智能。如果学习中能很好地利用大脑的智能分工，在记忆上会有很好的成效。如果我们运用大脑思考或者学习，就会意识到自己的大脑分工和配合，对于日常学习中遗忘以及记忆的规律也会有一个明确的认识。

1.5.1　记忆细胞分工

一般，脑细胞工作机制可以分成三个部分或三个层次：反响回路、突触结构、长时程增强作用结构。从大脑细胞机制分类上就能看出，大脑记忆是有不同分工的。

在学习中如何利用这几部分的记忆作用呢？主要是通过一些刺激让其产生合适的激素，从而促进记忆。因为合适的激素量会增加记忆的牢固性，同时也能促进整个记忆回路的有效性。比如，我们对于一些非常快乐或者幸福的记忆都是比较深刻的，这是因为在这些情绪产生过程中有激素分泌，对记忆有促进作用。

不同的记忆需求有不同的记忆方法，我们的大脑细胞也为了满足"主人"的需要而有不同的分工。按照记忆的时长可以分为瞬时记忆、短时记忆和长时记忆三种，这三种记忆模式我们日常都会用到。我们需要明确的是如何去分配这些记忆类型，如何做到高效选择、灵活运用。

1. 瞬时记忆

瞬时记忆又称为感觉记忆或者感觉登记，通俗地说，就是你在某个情境中直接看到、听到、感觉到的信息，利用五官感知在大脑中形成的一种反应，也就是所谓的"第一印象"。

这种记忆一般是短时间的，并不是刻意的，而是大脑对于外界环境作出的一种及时反应。而且瞬时记忆留下的印象也有可能出现错误。我们面对陌生的人和物会有这种记忆，有时候可能只是一种感觉。

如何利用这种瞬时记忆呢？我们在学习新内容时往往对于新知识

是瞬时记忆的，如果能延续这种新鲜感深入学习和记忆，就可以将这种记忆转变成短时记忆，乃至长时记忆。

2. 短时记忆

一般指持续15~30秒（没有复述的情况下）的记忆。相较于瞬时记忆，短时记忆有了一定的目的性，但由于记忆时间短，无法达到长时记忆的效果。

很多情况下，短时记忆是非常关键的。在一些临场考试时，我们通过短时记忆能为马上到来的考试提供很好的记忆参考。我在单词或者词语听写中经常会用到短时记忆，它往往能为测试带来很好的帮助。但短时记忆只是为了应付一些特殊情况，不能达到学习的最终目的。

3. 长时记忆

一般就是指一分钟以上的记忆，最长的可以达到终身。

学习真正需要做到的就是长时记忆，这样才能充分掌握知识，在解题中也能结合自己的需要灵活运用这些记忆的知识。所以，对于高中生来说，需要达到的就是长时记忆，这样才能在高考来临时从容应对。

高考考查的不仅仅是记忆力，还有理解能力和推理能力，只有达到了长时记忆的效果，才能利用自己记忆的知识点进行理解和推理来解题。

1.5.2　左右脑分工

大脑记忆对于时间的长度和内容是有选择的。我们大脑呈明显的左右脑分工模式。如果将大脑分成四个区域：左上脑、右上脑、左下脑和右下脑，就可以发现它们在思考偏好性、承担任务以及适合的课程形式上都有分工，如图1-3、图1-4、图1-5所示。

左上脑
- 偏好逻辑思考
- 偏好量化分析
- 偏好批判
- 偏好实事求是

右上脑
- 偏好概念
- 偏好直觉
- 偏好组合
- 偏好融合

左下脑
- 偏好有秩序地思考
- 偏好事先计划
- 偏好组织信息
- 偏好周全地思考

右下脑
- 偏好情绪化思考
- 偏好人际关系
- 偏好表达感情
- 偏好感官体验

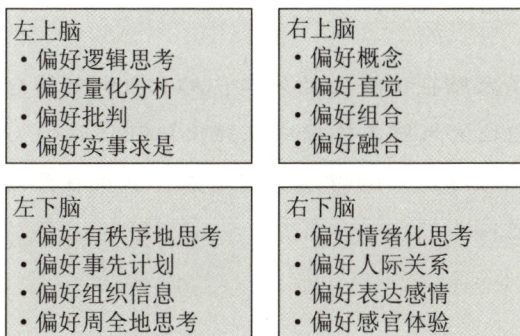

图1-3　大脑四个区域思考偏好表

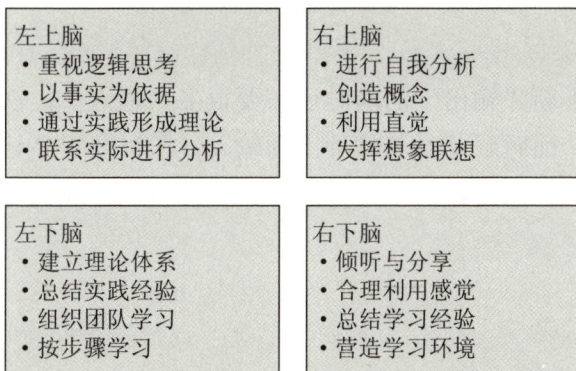

左上脑
- 重视逻辑思考
- 以事实为依据
- 通过实践形成理论
- 联系实际进行分析

右上脑
- 进行自我分析
- 创造概念
- 利用直觉
- 发挥想象联想

左下脑
- 建立理论体系
- 总结实践经验
- 组织团队学习
- 按步骤学习

右下脑
- 倾听与分享
- 合理利用感觉
- 总结学习经验
- 营造学习环境

图1-4　大脑四个区域承担任务

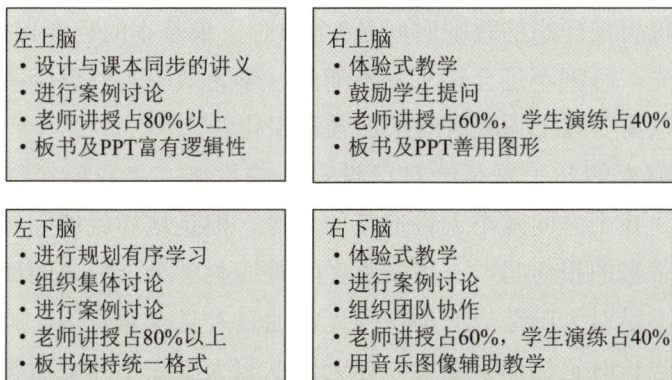

左上脑
- 设计与课本同步的讲义
- 进行案例讨论
- 老师讲授占80%以上
- 板书及PPT富有逻辑性

右上脑
- 体验式教学
- 鼓励学生提问
- 老师讲授占60%，学生演练占40%
- 板书及PPT善用图形

左下脑
- 进行规划有序学习
- 组织集体讨论
- 进行案例讨论
- 老师讲授占80%以上
- 板书保持统一格式

右下脑
- 体验式教学
- 进行案例讨论
- 组织团队协作
- 老师讲授占60%，学生演练占40%
- 用音乐图像辅助教学

图1-5　大脑四个区域适合的课程形式

行动起来

我们清楚了大脑在记忆上的分工，那么我们就要合理地利用它，要找到最合适自己的大脑工作模式来强化记忆。

所以在运用大脑记忆的时候要有意识，从现在开始就做到科学学习、高效记忆吧！

1.6 饮食睡觉也能促进记忆 ☆

大脑在不断"输出"的同时也需要很多"输入"，饮食是对其物质上的输入，而睡眠是对其精神上的输入。所以要提高记忆力，让大脑处于最佳的状态运作，一定要注重饮食睡觉这些我们每天都必须做的事情。

1.6.1 睡眠的作用

我们每天最理想的睡眠时间是7个小时，最基本的也要保持在6个小时。首先，睡眠不足会让头脑不清醒，学习效率自然就会降低；其次，记忆也需要这个睡眠时间来加强和深化。

喜欢熬夜的学生总是给自己设定一些承诺，"我要在周末好好睡一下""找个时间睡个天昏地暗的"等，但是这样就能弥补前面熬夜给大脑带来的损伤吗？一项发表在《神经科学杂志》上的新研究发现，睡眠不足对大脑造成的损伤是无法通过补觉来修复的。睡眠对于改善与加强长时记忆非常重要，你无法欺骗大脑在不睡觉后仍有效地学习。

其实睡觉时大脑并不是很安静，而是很活跃的。但做梦的睡眠对记忆并不重要，重要的是慢波睡眠。在慢波睡眠过程中，像电影重放一样，原来学习时活跃的那些细胞重新活跃起来，从而长出新的突触。

当我们在睡觉时，大脑却在为明天做准备。大脑忙着记住并存储新技巧，以便起床后有效地利用；若是不睡觉的话，大脑就无法控制这些新工作。所以睡觉有助于改善记忆力与学习能力，而且有助于恢复大脑的损伤。因为睡觉时大脑的区域会发生戏剧性的转换，当我们睡着时，大脑好像会将记忆转换到更有效的存储区域；醒来后，记忆就会变得更快速与准确，压力与焦虑也会变得较少。

夜间睡眠中大脑能聚合和处理白天获得的信息。例如，一些很需要或很重要的知识将得到保留和加强，而一些被认为是多余的知识将被"擦掉"。

有科学研究表明，在电脉冲基础上的缓慢脑电波能加强新信息的记忆。大脑中负责解决问题部位的脑电波活动性强。不仅如此，谁在夜间睡眠中出现的慢波活动越多，谁的记忆成绩就越好。

为了能在睡眠中巩固学习，人的大脑要利用数百万个神经细胞的积极活动，神经细胞能发送强有力的电子脉冲，电子脉冲将一些单独的细胞连成一个整体。这样的脑电波是深度睡眠中出现的典型现象。平日浑然不觉的睡眠活动为何会暗藏如此神奇的功能，脑细胞又是如何实现对信息的记忆？记忆使细胞之间的联系增强。弄清记忆的生理意义是探讨睡眠与记忆关系的基础。

如果善用大脑记忆规律，就可以好好利用睡前的时间记忆重要的知识点。一天记忆效果最好的时间之一就是临睡前，大脑需要一段时间对接收到的信息进行整理，所以，一般晚上睡前记忆一些重要的知识点，第二天早上起来之后会有很深的印象。

睡眠不好直接会影响我们的学习状态，如果能在中午小睡或休息一会给自己补充精力，就会提高下午的工作效率，同时还能提高记忆力。研究已证实，白天打盹有助提高记忆力。

我的高中物理老师不止一次地告诉我们，午间一定要休息，即使只睡10分钟也是有帮助的，那时她甚至每次到了午间的时候都会来提醒我们一次。慢慢地，我发现午睡确实提高了我下午学习的效率。

午睡时间不要超过40分钟，否则，醒来会很不舒畅。午睡时间太长会扰乱生物钟，影响到晚上的睡眠。

有的学生似乎在没有闹钟的状态下无法按时起床，很多人认为这是正常的，但其实这是因不良的作息习惯造成的。我们的身体已经无法按照正常生物钟醒来，而需要外界的因素来叫醒。

闹钟叫醒的身体往往是疲倦的，因为身体是被动醒来的，自然会有抵触的"情绪"。有的学生这种起床情绪会延续很长，甚至影响整个上午的学习状态。

最好的方法就是做到定点起床，即使是闹钟叫醒的也要养成一种习惯，让身体清楚"该起来了，要开始工作了"。

在晚上睡觉的时候拉开窗帘睡觉，或者选择纱帘，这样在天亮了，太阳升起的时候就有阳光照射进来，这时候会发生很神奇的事情。光线会叫醒我们的身体，因为这些光直射或者间接照射到我们身上，我们可以通过眼睑来感知光线，我们身体就会意识到早上已经到了，需要醒过来了！作为大自然的一部分，我们的身体是不会违背自然规律的，生物钟是接近自然形态的，所以这种正常的生物节律会帮助我们的身体按时起床和休息。

人体节律是一种生活节奏，是指每个人在生命过程中都存在着体力、情绪和智力方面的周期性变化。所以，无论我们学习和休息的时间是如何确定的，关键是要形成一种习惯。

最初我的生活是"夜猫子"型的，所以一般到了晚上10点就会非常兴奋，精神状态非常好，甚至能保持到夜间12点。第二天早上7点被"滴滴滴"的闹钟叫醒，但是往往我的身体有一种受惊吓的状态，这让我感觉很不好。我常常由于晚睡，白天精神不佳。

所以我计算了我学习工作的时间，从晚上12点到早上7点，我睡眠时间是7个小时；那么如果我从晚上10点到早上5点，我睡眠时间也是7个小时，休息时间是一致的。于是我把生物钟开始往"早睡早起"的好习惯调整，最开始比较困难，就是晚上睡不着，早上起不来。我就从晚上9点45开始躺在床上看书，慢慢就进入了睡眠状态；早上我定了闹钟，4点45开始响。后来，只要我晚上10点正常入睡，早上不需要闹钟也能在5点醒来，而且是自然醒的，而白天的时候状态很好。加上20分钟的午休，一天精神都很好。

一星期的时间，我就可以离开闹钟了。而且只要太阳出来，我的身体就会慢慢苏醒。所以我的生物钟就调整过来了，这种规律让我受益匪浅。

不同的学生生物结构不同，各自的生物钟是有差异的，比如有的学生就是感觉晚上的效率会更高，而且白天也不会受影响，那么他可以遵照这种模式学习和休息。关键在于认清自己，调整到最佳生物钟状态。

闹钟的作用不是长期提醒我们，而是帮助我们调整生物钟。真正的"闹钟"是我们身体本身，是自然形成的生物信号。

行动起来

你是否计算了自己每天睡觉的时间？现在的方式是最合适你的吗？你是否有良好的午睡习惯？

不要忽略睡眠的作用，你可以给自己制定一个睡眠计划表，比如几点睡觉、几点起床、几点开始午休等，按照这些设定实施一周看看效果。

1.6.2 饮食的作用

有人说过，学习最大的敌人是饮食！这让人感到不可思议。从生物学角度分析，我们在进食之后需要消化食物，而这个时候血液会集中在胃部，那么大脑自然就会供血不足，所以往往在饮食之后一个小时内，我们会有困倦疲乏的感受，此时不适合学习，因为大脑效率很低。

从某种程度上说，饮食消化和大脑思考是有一定"竞争"关系的，所以我们一日三餐的选择要慎重。

不要饱食，宁可少吃多餐，也不要"一口吃成大胖子"。我们要知道饮食是陪伴我们一生的，不要急于一时，过量进食会使胃肠道循环血容量增加，造成大脑血液供应不足，使脑细胞正常生理代谢受到影响，甚至还会引起其他方面的疾病。

好的食物是记忆的催化剂，也是记忆能量的来源。我们在学习过程中要重视饮食问题，因为我们应对各种考试需要的不是爆发力，而是耐力。良好的饮食习惯能让我们的身体保持一种积极向上的状态，力能从心，达到最佳。

很多朋友都有这样的问题，怎样让思考力更敏锐、注意力更集中？应该吃哪些食物？下面就来介绍六种生活中很常见的，可以帮助我们集中注意力、提高记忆力的食物。

番薯中含有丰富的维生素B、E，以及β-胡萝卜素。其中，维生素E的含量更是糙米的2倍，有非常好的抗氧化与消除疲劳的效果。哈佛大学的研究指出，β-胡萝卜素可以延缓因年龄造成的脑力退化，可以让上班族维持更敏锐的思考能力。

脑细胞有60％由不饱和脂肪酸构成，其中最重要的是DHA。DHA是大脑神经细胞的重要成分，对大脑神经元件的传导、突触的生长十分重要，可增强大脑智力、记忆力与专注力。DHA在陆产肉类与蔬菜中的含量几乎为零，只存在于海产肉类中，其中又以深海鱼类最丰富，尤其是眼窝脂肪与鱼皮部位。但大型深海鱼类位居食物链上层，体内累积过多重金属，不宜过量食用，而DHA含量比鲑鱼还高的秋刀鱼较为适合。

瘦肉与肥肉相比，脂肪少、蛋白质含量高，因此营养价值更高。除了丰富的蛋白质，瘦肉还富含维生素B、E，以及矿物质铁与磷。铁是血红蛋白的重要成分，血红蛋白是人体中负责运送和交换氧气的工具，可让大脑保持活力；缺铁会导致贫血、精神涣散和记忆力减退。磷则是参与神经纤维传导、能量生成及存储的关键物质，是大脑运作不可缺少的元素。

牛奶中富含蛋白质与矿物质钙，这些都是大脑的重要营养来源。蛋白质是人体构成的原料，也是生成脑细胞和神经传递物质的重要元素之一，能促进脑部发育；钙可抑制脑细胞异常放电、稳定情绪、促进良好睡眠、减轻身体疲劳、增强抵抗力。睡前喝一杯牛奶，可帮助大脑获得更充分的休息。

燕麦向来被营养学界称为"大脑的粮食"，除了是低GI（升糖指数）食物，食用后血糖不易升高，燕麦还含有丰富的维生素B、E及矿物质锌等有益大脑的营养元素。维生素E可以抑制脑细胞中的紫褐质堆积，能减轻疲劳、防止大脑衰退和老化。锌是身体多种酶或者激活剂的组成成分，能增强记忆力；缺锌时则会精神不济。早餐来一碗燕麦片，可提供大脑一天的活力。

脑细胞的热量来源与其他细胞不同，只能依赖葡萄糖，无法从其他营养物质中获得，而碳水化合物则是糖类最主要的来源。香蕉中不仅含有丰富的碳水化合物，而且还有大量果胶、维生素B。果胶能让葡萄糖释放的速度减慢，避免血糖起伏过大；维生素B能促使糖类充分转化成能量，协助蛋白质代谢，维持脑细胞正常功能运作。想维持大脑的巅峰状态，就随时补充一根香蕉吧。

食物对于睡眠的影响是很大的，有些食物具有安眠的作用，而有些食物则会导致失眠。我们日常要注意控制食物的种类、饮食量和饮食时间等，保证其不影响我们正常的生活习惯和学习状态。

要想睡得好，晚餐一定要吃对。假设学生在晚上10点钟睡觉，你们三餐的比例最好是4∶4∶2，这样既不会影响白天学习的正常能量供给，又能在睡觉时让消化系统得到休息，睡眠质量自然就会提高。

晚饭最好是在睡前4小时左右吃，不要吃得过饱，选择清淡的食物，这样就为当晚的好睡眠提供了一个生理条件。

行动起来

学生很少关注自己的饮食问题，建议要注意晚上的饮食，不能过于随意。尤其是一些学生有晚上吃零食的习惯，这是不利于睡眠的，可能会在入睡时兴奋起来。了解了以上的饮食注意事项，我们要做到有意识地去选择饮食。所以从今天开始，选择有利于记忆的食物，并收起那些零食夜宵吧。只要坚持一周，你自然就会在进餐的时候从有意识变得无意识，会忘记零食这回事了。

第 **2** 章
打开记忆 "潘多拉"

　　记忆就像一个 "潘多拉" 盒子, 里面充满神秘感, 但可以肯定的一点是, 打开这个盒子, 能让我们更好地学习和生活。

　　学生通过什么方式才能顺利打开记忆盒子呢?

2.1　明确学习动机 ☆

　　大脑的工作要顺利展开，需要有一定的目标和动机，相信高智慧的人脑也想自己的"劳作"是有用功，所以我们在记忆的过程中要有选择性，抓最有用的知识记忆，让自己的学习效率达到最高。

　　动机就是记忆的动力，无论我们学习的内容有多少，只要有记忆的动机，我们的注意力就会更加集中，记忆才会更长久。说得通俗一些，我们想要记住一件事情，必须要做一个有心人。其实，记忆的内容是由我们自己决定的，自己要记住自然就会经常去想，也就能达到记忆的效果；而我们想遗忘的内容，就是因为自己不愿记住。

　　在记忆之前明确记忆的动机十分必要，如果你在意识上不想记住这件事情，那么就不可能对这件事情产生兴趣，也不会对此有一个记忆的"冲动"了。记忆的动机出于各种不同的需求，也出于各种不同的兴趣。一般，我们感兴趣的内容我们会记得更牢。我们在认识一些伟人、学者的过程中总能听到这样的故事，科学家忘记了约会、忘记了孩子、忘记了生活中的琐事，但是他对于正在研究的公式、定律以及数据却记得一清二楚。这就是动机带来的记忆效果，有意识的记忆可以帮助我们保持更长的记忆时间，而没有意识的记忆是短时记忆。

　　我们学生记得最多的就是学习内容，所以首先要明确的是自己学习为了什么，只要有了记忆的动机，注意力会格外集中，记忆的内容也会保持长久。需要强调的是，学习一定是心甘情愿的，最好是快乐选择的，只有喜欢才会有记忆的动力。

学习的目标和动机确定了，就能很好地指引记忆的方向，也能达到最佳的记忆效果。

行动起来

想要有一个好的记忆力，就要先端正自己的学习态度，明确自己记忆的目的。我们可以想一想我们这样记忆是为了什么，可以是为了应付即将来临的一次测试，可以是为了高考时有一个满意的成绩，也可以是为了给自己争取一个更好的未来。动机层次不同，意味着记忆的效果不同。

请想好自己学习的真正目的，主动地有选择地记忆吧！

2.2　培养学习专注力 ☆

记忆力和专注力非常相关，我们在学习中需要有很好的专注力。这个问题说起来很容易，但是做起来很难。比如我们上课过程中或多或少都会开小差，自己做作业的时候也会被周边的人或事干扰，思路会被牵引。

很多人都有过无法集中注意力的时候，但是如何延长注意力集中的时间，提高专注力呢？

休息是第一步！只有精神状态良好，才能专注于某一件事情。在学习中有的学生整天都精神饱满，似乎有用不完的精力；也有的学生整天昏头昏脑，总是提不起精神。这主要跟睡眠习惯有关，没有做到充分的休息，身体自然要提出抗议。

在学习上我们不能去考验自己"一心多用"的能力，因为看似同时做了几件事，但是实际上并没有提高效率，反而影响了大脑的正常运行，对大脑造成一定的损伤。我曾经也有过一边做作业，一边看电视的经历。后来我发现，虽然写着字，但写的内容一点质量都没有，事后更是没有什么印象，那做作业为什么？有的学生喜欢在学习的时候听歌，那大脑是要听歌还是学习思考呢？

用心学，用心玩，专注力的培养需要学会劳逸结合。要养成一个好的学习习惯，就是在学习的时候不被其他因素打扰，思绪要永远集中于眼前学习的内容。这里有一个很好的方法，就是设定时间节点。

用时间节点帮助我们培养专注力，比如今天的作业有一张数学试卷和一篇语文作文，那么就可以给自己一个时间的限制。以我的习惯，我会分成两个时间段来学习，一张试卷一个小时，一篇作文50分钟，要保证自己在限制时间内高效完成，不能因为一些琐事而中断。两个时间节点之间可以有10~15分钟来做调整，吃东西或者放松。

这种时间节点的训练方式能帮助我们高效完成学习任务，更能帮助我们训练大脑集中注意力。一旦我们输入要完成任务的信息，大脑就会条件反射地专注起来，而且不会轻易被其他事物影响。

行动起来

学会了训练专注力的方法，你可以先测试一下自己的注意力，看看平时自己集中学习的最长时间是多久？然后拿自己的学习任务训练自己的专注力，强行给自己的任务限制时间。即使一开始比较困难，你也要下狠心，因为这是培养自己专注力的过程，专注力越强，学习效率和记忆的效果就会越好。

2.3　化压力为动力 ☆

高中学习和复习阶段，压力似乎如影随形，在高压状态下很难做到高效记忆。所以对紧张和压力的情绪要妥善处理，不能消极对待。

压力的产生是因为我们学习上遇到了困难，此刻要做的是保持沉着冷静，不能被情绪干扰。如果做好完善的计划和准备，压力就能大幅度地减轻。

如何将压力转为动力呢？我们可以进行记忆力训练。

我一直记得这样一些经历：英语老师会在课堂上让我们听写上一单元的单词，我利用课间十分钟来复习和记忆，效率特别高，即使旁边有人和我说话我也听不见；考试最后十分钟，我能高效地写出答案，并让自己的解答达到最完整，等等。可见，记忆也是要有时间压力的，而且合理利用压力可以将其转化为动力。

在进行记忆训练时我们可以准备一个秒表，模拟我们在实际中会遇到的压力。所以，学习要有时间观念，要明确自己记忆的目的，之后就能通过各种记忆技巧来消解这些压力了。

学生主要是通过记忆学习的知识来提高自己的课业成绩，目的非常明确。而在压力方面，主要集中在家长和老师期许压力、高考前测试紧迫压力、个人自我高要求等压力，归纳来说，就是由学习成绩带来的压力，非常明确。

以考试前的应试压力为例，几乎所有学生遇到重要考试时都会有紧张的情绪，即使是那些成绩好的学生，他们也有要保持好成绩的压力，而成绩落后的学生则有无法进步的压力。无论处于何种压力下，我们都可以问一下自己：是不是要一个较前次更好的成绩？答案是肯定的！那么请抓住考前的阶段好好复习和记忆。

考前复习的记忆方法很多，下面介绍几种比较常用的。

1. 教材内容记忆

考试中所有的内容都不出课本教材，一开始没有注意的细节中可能会有一些考点，所以在考前复习的时候就可以给自己设定一个时间点来高效地完成课本重读的任务。这里重点是要去找平时极少注意的知识点，或者不熟悉的知识点来加强记忆。

要注意的是时间不能过长，要有目的性。

2. 笔记回顾记忆

平时课堂上的笔记在复习的时候是一定要记忆的，但时间也不宜过长。因为笔记是自己亲手写的，重新回顾的时候马上就能想起当时学习知识的情况，也能及时注意到重点和难点。

笔记记忆可以和前面的教材记忆结合起来，两者的记忆内容也可以通过一定的联想来达到比较好的效果。

3. 错题复习记忆

错题复习的关键是看题型和考点，要对一些题设给出的陷阱或者巧妙设置重点记忆，加深印象。一般看错题的过程是非常快的，如果有时间可以拿一张白纸将典型的错题重新做一遍。

学生本人最清楚错题错在哪里，有的是因为看错了题目，有的是思考的时候知识错乱，也有的是对知识点理解有误……所以我们学生自己在看错题的时候就能明白自己需要注意的问题。

4. 模拟考试记忆

在一些重要的考试前，往往会有一些模拟考试。就拿高考来说，考前的一模、二模就是典型的模拟测试；即使是平日里的考试，学生也可以当作模拟测试。这些考试一方面是检查对知识的掌握程度，同时也是通过完整考卷形式来感受考试氛围。

在模拟测试中，不要去记题目本身，而要去记题型和题型排序规律；不要记答案，而要记解答思路和解题步骤。如果是集体测试，要和正式考试一样进行时间设置，在测试中要重视时间规划；如果自己测试，则要评估自己的解题能力，给自己设定一个合适的时间节点，比如一个中上水平的高中生完成一张数学试卷就要控制在一小时以内，以此来检测和训练自己，这样在日后考试中才能取得非常好的成绩。

有的学生在考试前压力非常大，甚至出现了失眠、头痛等身体不适状态，说明学生对于考试产生了恐惧。从压力带来的负面影响来看，学生对这次考试是没有自信的，他对这次考试考核的内容并没有很好地掌握。

但是有的学生在考试前有压力，同时也会兴奋，这说明他已经对压力有了一个很好的转化，当然也是因为考前的复习记忆有了一定的效果。其实考试也是对记忆的一种测试和考验，只要把记忆能力提高了，压力也会有所下降。

我一直相信学生需要有一定的压力，这样才能有动力。所以不要害怕压力，但要学会利用压力。

短期的记忆力训练的目标主要是提升记忆效果，因为被转化为知识的内容越多，就能拥有越多的潜能来实现精神和情绪上的需求，在记忆训练的过程中也能获得其他的能力。

行动起来

如果你面对考试，可以用以上提到的方法来训练自己，通过记忆方法来减轻考前的压力，让自己的紧张情绪舒缓下来，就一定能够在考试中快速答题，取得好成绩。以上的训练不是一蹴而就的，所以要努力坚持。

2.4　想象力是记忆的翅膀 ☆

人在过去认识的基础上，去构建没有认识的事物和形象的能力就叫想象力。想象是一种特殊的思维形式，它是以感性材料为基础，把表象的东西重新加工而产生的新形象，因此任何想象都有其根源。

记忆力和想象力是相辅相成的。记忆是大脑重新定位，恢复一部分信息的过程，而想象力则是重组既有信息的过程，因此二者有必然的联系。

我们在学习过程中经常会遇到这样的情况：某个需要记忆的知识点没有任何实际的内容，既不能理解，也没有兴趣，还没有什么背景资料，所以只好死记硬背，比如地理名称等。但是往往死记硬背是记忆效果最差的。这时候想象力就派上了用场，运用联想把没有实际内容的事物与我们熟悉的物体结合起来，自然就能顺利记忆下来。

发挥想象力就是编故事的过程，而这个故事中的各个事物只要在你的知识体系中建立关系，能说通就成，无须合乎情理与逻辑，哪怕是牵强附会，只要你自己懂即可。

编故事的过程就是进行想象力的训练，让我们具有了更大的想象空间。学习过程中经常用到的想象力就是对空间或者时间上相近的事物，根据经验形成联想，是利用同音、近音、同义、近义等语言的特点来进行的。依靠想象力来记忆就是在一些事物之间建立起联系，这些连接点就是帮助记忆的线索。

发挥想象力是促进我们心理活动更加丰富和深刻的重要过程，可以帮助我们更全面地认识世界、认识自己。它可以帮助我们进行各种创造性的活动，同时也能使我们在学习中不断创新和深入思考。

作为学生，我们需要怎样发挥想象力呢？

发挥想象力最重要的一点就是化抽象为具体，利用事物间的联系展开想象。如果我们要记忆的知识比较抽象，那么我们就要下点功夫把它们转化为具体的形象，不要怕人说想象天马行空，那是我们自己的联想。因为在你的大脑系统里这些具体事物和抽象的知识是有关系的，靠的就是想象力，它是我们的最大"法宝"。

我们在发挥想象力的过程中要将自己身边的人和事都调动起来，对它们进行融合、综合，构建新的思维，而且，反过来还可以使原来枯燥的知识记忆得更牢固。

我们要学会扩大视野，多看、多听、多理解，就会对事物表象有一个存储功效。记忆非常简单，只要在日常我们用得多了自然就记得牢。所以，我们要善于在实践中灵活运用存储在大脑中的知识，在运用中也可以扩展想象的深度和广度。

如果有时间我们可以多看书、读报纸、画图，还可以参加其他活动，为自己积累素材，逐渐养成想象的习惯。只有经过积极、正确的思考，想象才能沿着正确的方向顺利进行。

小试牛刀

爱莲说
周敦颐

予独爱莲之出淤泥而不染，濯清涟而不妖，中通外直，不蔓不枝，香远益清，亭亭净植，可远观而不可亵玩焉。

这段描述莲花的话很简短，但因为是文言文，所以我们在记忆时总是找不到思路。那么可以把书放在一边，尽量想象我们读到的内容，主要是将这些内容形象化。

我们可以想象自己就站在一池荷塘前，发现"这些莲花长在水中，它的茎中间贯通外形挺直，不牵牵连连，也不枝枝节节，香气远传且更加清香，笔直洁净地竖立在水中。我们可以远远地观赏，而不可轻易地玩弄它"。莲花的外形让我们联想到了其内在的"品格"，"莲花从积存的淤泥中长出却不被污染，经过清水的洗涤却不显得妖艳"，所以怎么能不让我们喜欢呢？

我们对莲花并不陌生，因为我们能找到它的具体形象，在联想的时候也不会困难。语文背诵中不少知识就是通过对其意思的理解和联想记忆下来的。

行动起来

掌握想象力的记忆技巧，不要切断平时自己天马行空的想象了，"存在即是合理"。你的记忆你可以做主，对于我们正在学习的知识，你可以找一个属于自己的想象关系来练习吧！

2.5 创造力是记忆的挑战 ☆

记忆是人类心智活动的一种，它代表着一个人对过去的活动、感受、经验的印象累积。而记忆能给我们带来很大的创造力，或者说，创造力的产生基于记忆。

记忆力和创造力往往是同时运作的，两者是"输入"和"输出"的关系，只要通过记忆力很好地"输入"记住的知识，才能完成"输出"，让知识应用于创造。其实想象的过程就是一种创造。当然，提高记忆力的同时也要提升我们的创造能力。

1. "输入"部分

"输入"部分我们可以通过日常生活中的一些事情来训练。

（1）培养乐观情绪。

对大脑的记忆力来说，精神消沉、悲观抑郁是主要天敌。因此大脑练习应从培养乐观情绪开始，如每天听五分钟自己喜欢的音乐，读一段轻松愉快的小说，看一些让人发笑的喜剧、幽默故事等，这些都有助于提高思维的敏捷性并增强记忆力。

（2）多读各种书籍。

知识面越广，记忆力会越强，人的表达能力就会越强，同时思维也就更加灵活多变。因此，多读一些新书或不同体裁、不同领域的书对大脑十分有益。

（3）增加词汇的积累。

在读书看报时，我们应注意词汇的积累。丰富的语言可以增强大脑思维，因此我们应经常对词语有意地进行分析，探讨词语结构，并写一些语法复杂的长句等。这些都有助于大脑的记忆。

（4）经常放松自己。

同体力练习一样，在紧张的工作、学习之余，应让大脑充分放松休息。在一个你认为最满意的角落，闭上眼睛，深呼吸，让全身放松，同时你还可以在大脑中构想一幅图画，仔细品味画中的含意。

2. "输出"部分

"输出"部分主要通过虚拟形象来训练。

（1）想象诗词的意境。

选一段你熟悉或不熟悉的诗词读三遍后，就开始想象诗的意境。如果你喜欢写散文，可以将你想象出的意境写成优美的文章。

（2）让音乐图像化。

在聆听一段音乐后，仔细捉摸每一个音符，在大脑中形成一幅配以音乐的画。

（3）凝神品味一幅画。

当你注视一幅画时，让大脑充分理解和想象画中的含义，通过想象组成一个故事。

（4）虚构一段故事。

当你看一本小说时，可有意在中途停下来，去构想书中主人公的结局；也可以将自己放在一个故事中，去想象一下自己的历险过程。

（5）猜想性格或经历。

有意观察一下你周围的人，记下他们的言语和特征，然后去想象他们的性格及可能经历的故事。

行动起来

你是不是正在被一个很难记住的公式所困扰？那就试着利用记忆的知识点把这个公式分解，或者把公式中的字母分类，然后结合定义重新创造一个记忆的思路；你是不是正在被相似的英文单词所困扰？那就试着用单词造一个句子，记住单词的同时还能加深理解呢。总之，根据你的理解创造一些新的内容，可以帮助你加深记忆。记忆力因有创造力的帮助而得到提高。

2.6 快乐服务于记忆 ☆

　　情绪是指人对客观世界的一种特殊的反应，是人对客观事物是否满足和符合自己需要的态度。情绪与记忆分别是人的感情过程和认识过程，两者间既有联系又有区别，在不同情况下二者会相互影响。

　　情绪对于我们的记忆非常关键，积极的情绪可以促进记忆，而消极的情绪则会让记忆停滞不前。在学习过程中，我们一旦受到情绪的影响，就会连续找理由推迟该做的事情，而且理由永远可以找到。长此以往，我们就会养成一种懒散的恶习。比如：

　　"我太没有自信了……"

　　"经常被身边的事情分心。"

　　"再记几遍？算了吧，明天再说。"

　　"集中注意力怎么这么难？！"

　　"心情不好，不学了"

　　……

　　表面看起来我们似乎轻松了，但成天沉浸于不切实际的幻想中。如果我们在学习中经常有以上想法，那就意味着我们需要重视自己学习过程中的情绪，并且战胜这些消极懒散的想法，要带着积极的情绪朝着既定的目标勇往直前。

　　我们不要轻易放弃自己的努力，应时刻督促自己，甚至强迫自己，让自己的记忆系统处于高度兴奋的状态。其实，当我们的记忆获得一定成绩时，我们会感觉到有很大的学习动力，会有一个很积极的情绪，记忆的训练自然就会加强很多。

　　快乐的情绪对于我们记忆的帮助非常大，如果人的情绪处于良好状态，最容易记忆那些令人愉快的词汇；相反，如果人的情绪处于不佳状态，则善于记忆那些令人悲伤和不快的东西。

　　如果让两个实验小组的学生带着某种情绪去学习一个词汇表，然后带着同样的情绪或者相反的情绪尽可能多地回忆这些单词。当他们回忆的情绪与学习的情绪一致时，他们就能够回忆起词汇表中很大的一部分；反之则不然。另一项实验也表明了情绪对记忆的影响。分成不同组的学生被控制在悲伤或者愉快的情绪中来回忆他们童年时代的事情，并将他们回忆的东西分为愉快的和悲伤的两类。愉快组的实验对象回忆起愉快的事情远远多于悲伤的事情，而悲伤组的实验对象则有比较多的不愉快回忆。

大脑记忆不是机械的，它是受到各种情感影响的，所以记忆效果好坏是受情感左右的。现有的研究表明，记忆在很大程度上依赖于情绪。发挥情感对大脑记忆的巨大作用，有利于人们进行有选择性的学习、回忆、判断和想象。

学习过程中，我们要清楚知道自己是处于消极还是积极的情绪状态中。当发现有不好的情绪出现时，我们就要知道可能是身体某个部位疲劳了，因为我们的大脑是不会疲劳的。

如何让我们的情绪一直保持着积极的状态呢？认识自己，制订计划。

我们需要制订一个学习计划，列出每天每个时间段的具体安排，科学安排记忆时间，就会让我们的大脑形成一个高效的学习模式。

清晨头脑相对清醒，往往是记忆的最佳时间，而且这时候一般心情不错，期待着新的开始，积极性相对高。所以我们可以利用这个时间段去记忆一些新的知识。

晚间思维活跃，是理解的最佳时间，这时候情绪相对安静，所以也是记忆的好时机。这个时间要看的是一些需要记忆力和创造力的知识，比如理科的解题过程、作文构思等。

其他时间的学习就要结合日常的课程安排来计划。可以每周进行一次评估，对下一周的时间安排进行调整。每天坚持按计划行事，最大限度地利用自己的时间。通过这种方式来改进记忆效能，情绪会随着习惯的养成逐渐改善，记忆力也会提高很快。

我们的大脑具有可塑性，是指大脑可以为环境和经验所改变，具有在外界环境和经验作用下塑造大脑结构和功能的能力，也可理解为通过学习和训练，大脑某一功能在一定程度得到恢复或改善。如果大脑丧失了可塑性，那一定跟习惯有关系，也就是顽固习性、习气的牵引让我们时不时又回到老路上，不自觉地重复某些行为。因此，重新构建我们的大脑神经元需要像佛家修行六度所要求的一样，布施、持戒、忍辱、精进、禅定、般若六度修行，而修行是一辈子的功课，需要努力坚持，它是一个循序渐进的过程。

如果你是弱者，就会被情绪驱使；如果你是强者，就会面对现实，寻找新的对策，闯过记忆的"死亡线"。

行动起来

此刻的你可以扪心自问：你在学习记忆时情绪如何？如果你是快乐的，是积极主动的，那么就请记住这种感觉，并保持这种快乐积极的情绪；如果你是消极的，那请问问自己是什么导致了这种情绪的产生，然后改变这种状态，寻找最佳的记忆时间点，让自己快乐地学习。

2.7 培养敏锐的观察力 ☆

善于观察的人容易把握事物的基本特征，对观察过的事物记忆深刻。我们在学习中重视观察，就能看到每个知识点都有自己的特点，仔细观察就不会把一些知识混淆。

观察的作用是非常巨大的。高考也对我们的观察能力进行了考核，比如一些物理、化学或生物考试题的解题与实验过程和现象有关，而实验过程离不开观察，它对于我们考试解题非常关键。

就观察本身来说，它具有目的性、系统性、思维性等特点。它和记忆都是智力的组成部分，没有敏锐的观察力就谈不上准确记忆，而没有牢固的记忆就无法进行有效的观察。观察就是为了保证信息的有效输入，记忆则是观察结果的存储和检验。

1. 观察的作用

观察对于记忆的作用是非常明显的，主要体现为以下三个方面。

（1）决定性作用。

观察是记忆的前提，记忆是观察的结果，没有观察就不会有记忆。打个比喻来说，我们大脑中的记忆就像是银行存款，如果没有存款无论怎样都不可能取得现金。所以，我们要把需要记忆的事物存储起来，以便在需要的时候可以轻松提取。

要做到提取灵活则需要观察力，如果观察得仔细，就可以使我们真正做到需要的时候能立刻提取使用。

（2）加速性作用。

记忆基本都是从对一个新事物的感性认识开始的，如果有强烈的印象就能加深这种感性认识。我们从眼睛开始接收信息，把形象印入脑海中，而敏锐的观察力能够帮助我们很快掌握记忆内容的基本特征，自然就能加深记忆。

（3）牢固性作用。

我们在观察和不观察的情况下记忆事物的感觉是不同的，观察时肯定会在脑海中打上一个烙印，比如对某种事物的理解和想象，使其不再是一个抽象的物体。

观察越多，记忆越牢固；观察越久，记忆同样越持久。

2. 培养敏锐的观察力

培养敏锐的观察力是需要具备一定条件的，我们可以掌握一些要领来增强记忆效果。

（1）明确目的。

观察事物之前要明确目的和任务，这样就能使观察有针对性，也会更集中，才能收到良好的观察效果。在观察之前，我们可以先问自己两个问题：为什么观察，观察什么。

（2）充分准备。

学习中有些观察是有步骤的，而不是随意的。所以要对学习的内容有一个预先规划的过程，一般需要将观察的计划、步骤写下来，然后熟悉观察对象的背景知识。

我们在学习中有很多体验式的活动，或者是一些实验性的课程，那么观察之前的准备可能直接决定观察的结果。

（3）注意细节。

观察本身就是一个抓细节的过程，所以我们要在观察时养成系统全面、认真专注、反复思考的习惯，这样才能让观察对象变得更具体，也更容易记忆。在观察过程中我们不仅可以用眼睛，还可以用手、耳等去感受，最终用我们的大脑对记忆进行整理。

（4）培养兴趣。

观察中需要有浓厚的兴趣，只有感兴趣我们才能对观察的事物全身心投入。其实这需要我们在前期准备过程中做好工作，让自己对这部分内容产生兴趣，喜欢了自然就会多研究、多观察。

（5）掌握顺序。

观察的时候要重视条理性和逻辑性。一般地，对象不同要遵循不同的规则，比如从大到小或者从小到大，从有到无或者从无到有，从新到旧或者从旧到新，等等。在安排观察顺序时要确定符合需要的逻辑，这样也能帮我们更好地记忆。

（6）总结记录。

观察是一个过程，而结果是需要我们自己进行总结分析并记录下来的。这个过程对我们的记忆非常关键，因为观察只是将五官感受到的信息输入到大脑中，如果没有经过一个反思提炼的过程，信息则会零散，不够系统。总结观察就能把这些输入的信息进行归类并得到一些结论，形成自己的知识体系，这样才能达到永久记忆的效果。

小试牛刀

生物课里有一章节是介绍种子发芽的，这个种子发芽的过程用文字表述可能很快就忘记，而且不知道其中的细节。

这时候我们可以在实验的花盆中铺上泥土、撒上种子，然后观察其生长过程。只有真正进行实验观察了，才能发现原来种子的发芽生长是有很多细节需要注意的。一般我们撒的种子在不同的培育环境下发芽快慢不同，甚至有的不能发芽，所以我们就会想是什么原因导致其不能发芽。

不同的培养环境中空气、温度、水分都是影响种子发芽的重要因素。在观察发芽的时候，我们就需要了解种皮、子叶、胚芽、胚根等基本知识，所以我们通过观察这个发芽过程的变化，对这些植物理论知识就有了一个很系统的理解。

伴随着观察，思考、理解、再思考的过程，这些知识点能很容易被记忆，而且非常牢固。

行动起来

或许你想问，平时我需要记的是文字类型的知识，怎么观察？

你可以拿历史某一章节来试试观察记忆的方法，历史中很多涉及事件发生时间以及影响的题目，这时候你要观察的是什么？每一个事件发生的时间顺序、事件之间的联系是什么、事件参与的人物有哪些、是否有关联，等等。你试着总结这些细节，看看这些知识内容你能记住吗？

2.8 拒绝做"记忆僵尸"

首先要明确一点：好的记忆力并不是天生的，而是后天培养的。

如果不重视记忆方法和技巧，我们的记忆会逐渐僵化，只会机械记忆。一旦形成恶性循环，对于我们学习是非常不利的。

记忆僵化指的是，需要记忆的时候束手无策，记过的知识点会马上忘记的情形增多。记忆僵化让我们不能再依赖过去大脑形成的记忆能力，需要自己重新开发记忆力。

不需要担心无法改善记忆，关键是能否找到最佳的方法。

在学习与实践的过程中，随着记忆力的提升，我们会领悟到关于成功的非常重要的一个道理：任何原地踏步的努力都不会对我们的成长有所帮助，只有不断地改进技巧和方法，才是让我们持续提升、走向成功的真正关键！

原来那种死记硬背的记忆方式，我们用了几十年，实践了几十年，为什么记忆力没能越来越好，反而越来越糟呢？而仅仅使用了一些新的记忆技巧和方法，记忆力就会有惊人的变化。这说明，掌握新的技巧和方法，对于我们记忆的改善是多么重要！

如果你一直沿用原来的旧方法、老思路，无论你为此付出多大努力、多少汗水，也不会有很大的帮助！

在提高记忆力的过程中我们一定要结合自己的特点来学习，每个人都有适合自己的记忆方法，并非所有的方法都适合你。提供几种记忆方法，供大家参考。

1.提纲记忆法

列出一个简明扼要的提纲，按照标题和段落来分别记忆，对于记忆很长的内容很有帮助。

2.组块记忆法

人的记忆广度为7+2。也就是说，将一个材料分成7个左右的小块材料去记忆，效果比较好。

3.闭眼记忆法

有的人在记忆过程中喜欢闭上眼睛，这时抑制了视觉，就把精力集中在了记忆上。

4.松弛记忆法

在记忆时，放松我们的大脑，有利于增强记忆的效果，才能记得牢。

　　另外，我们在高考中需要记忆的内容各有特点，我们需要记忆填空题、选择题，区分清楚容易混淆的知识点；我们需要记住大量的简答题、问答题，每一个答案都能清晰地回想起来；我们需要记忆大量的人名、历史年代、各种事件；我们需要记忆大量的数字资料、无规律数字信息等；我们需要记忆诗词、文章，需要把抽象、艰涩难懂的专业知识运用灵活。

　　根据需要记忆内容的特点，采用适合自己的记忆方法。要避免成为一名"记忆僵尸"，重视记忆力的训练，掌握有效的记忆手段，全面改善学习状态，让你的大脑更清晰，就会成为记忆大师、学习超人！

行动起来

　　高考学习任务中有很多内容需要记忆，你是不是感觉很困难？那么就拿出某一门学科的知识点，找一种合适的记忆方法，学着操作起来吧！

第3章
记忆魔法——思维导图

　　思维导图是一种最适合我们学生学习的记忆方法。应用思维导图，不仅能掌握知识、提高成绩，更能形成有优势的思维方式和创意想法，在所有思考过程中，尤其是记忆、创造以及学习过程中掌握主动权。思维导图是一项技术活、手工活，但同时它也是大脑的"瑞士军刀"。

3.1　什么是思维导图 ☆

大脑在工作中是不被限定的，所以和很多自然形式一样，大脑是有机的，同时也是可以被调整和规范的，思维导图就是反映这种自然的有机过程的工具。

3.1.1　思维导图的起源

要了解和掌握思维导图，首先要了解思维导图的缘起。那么思维导图是从什么时候开始的呢？自成一派的缘起来自何时何地？

英语教学泰斗Joy Reid的*Different Styles for Different Learners*一书中就提到了我们学习的形态，从利用视觉、听觉、触觉、动觉、合作以及个人六种类型来分析，其优劣势明显，但是视觉类的优势最佳，不但能让我们很轻松地接收信息，还能方便地表述思想，这是一个消化的过程。

我们如何利用我们的视觉优势，依据大脑最自然的思考方式，把视觉能力和大脑思考、记忆学习联系起来，成为我们日常消化信息的工具呢？

1971年Tony Buzan在*Use your Head*一书中提出了"放射思考"模式的思维导图法，这就是初步的"思维导图"构想。它是一种以直观的图解方式、网络化地描述多个概念之间关系，或者呈现大脑思维过程，帮助我们激发创意、提升问题解决能力以及快速掌握并交换信息与知识的笔记记忆方法。

深究这种放射思维结构，可以与中国《易经》中的"太极生两仪，两仪生四象，四象生八卦"联想对照，二者非常相似。我国很多古代的思想应用到学习中会有很多新的思想迸发出来，帮助我们成长。作为高中生，我们要面对的就是在短期时间里记忆大量的学科知识，因此思维导图法可以帮我们很快抓住记忆主体，增强记忆效果。

Tony Buzan对这种思维导图进行了系统深入的研究，开拓了使用领域，并大量推广。可能有学生担心学习这样一种方法很费时间，但事实却正好相反，我们只需要形成思维导图的思考模式，从动手绘图的那一刻开始就已经在运用，其实学习的过程也就是运用的过程。现在很多小学开始教导学生应用思维导图来学习，一方面，能帮助学生养成良好的记忆习惯，同时也能提升小学生的学习能力与思考能力；另一方面，小学生在运用时也乐在其中。

高中生掌握这种方法比较容易，且能如鱼得水。

3.1.2 思维导图的定义

思维导图其实就在我们身边，只是我们没有对它进行有意识的思考，没有把它从我们身边"挖掘"出来。从我们最熟悉的事物来看，思维导图的思考模式就像树叶的脉络，如图3-1所示，我们能很清楚地看到树叶的脉络，一级一级传递下去。

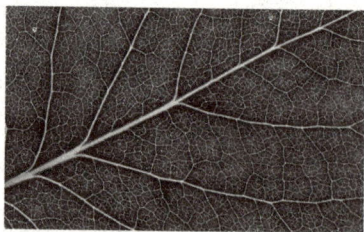

图3-1 树叶的脉络

我们的大脑记忆也是这样的，可以直接通过知识的联系和级别来画出记忆的"脉络"，这个过程就是思维导图。这就是一个全方位的视觉和图解思考工具，它能帮助我们表达思维模式和创意问题，能帮助我们在学习大量知识的时候获得高效记忆。

　　思维导图技能可以应用于所有知识领域的思考过程，在记忆、创造以及学习过程中都能通过这种方法达到很好的效果。思维导图可以用手绘，也可以用电脑软件绘制。对高中生来说，手绘更具有创意，因为可以自由发挥。如图3-2所示，这是一位学生手绘的关于"怎样写好高考作文"的思维导图，有形象的图示，也有色彩的冲击记忆（图中深浅颜色表示），基本包括了思维导图中所需的要素。

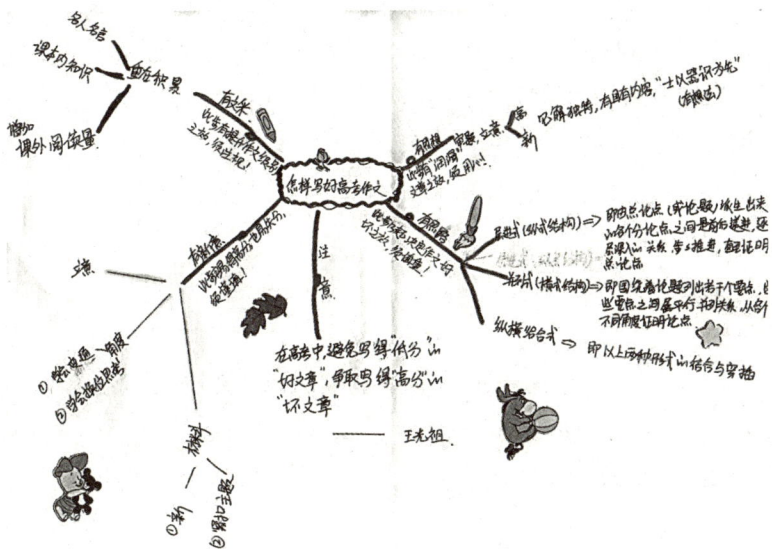

图3-2　手绘版思维导图

　　手绘版思维导图对于高中生来说可以很好地发挥创造力，同时绘制的图形也是我们最需要和最直接的知识体系，能在记忆中形成我们个性化的思想，让这幅思维导图发挥最佳的记忆辅助作用。

3.1.3　思维导图的组成

　　每一幅思维导图都是一次创作，是学生对知识系统的认识体现。

　　思维导图都是以中心的一个图形开始，这里可以简单地绘制，也可以精确地表达主题，关键看知识的性质是什么。中心图形最重要的作用就是能反映出学习的概念、笔记、想法、主题以及创意，强化大脑的记忆功能，让记忆力聚焦在中心图形上。

中心图形之余就是分支，一般绘制分支以弧线为主（以学生的喜好而定），在这些分支上用一些关键词以及图形来表示最重要的知识概念，被称为第一级分支（或章节标题），是基本分类概念。

从第一级分支中又发散出第二级分支，这些分支也是有机体，但是内容更详细，需要和章节标题密切联系，并能展示其关系。

以此类推，辐射出第三级分支，这样就能把记忆思维有机且自然地延伸出来，也让知识组成了一张有序的网络。

思维导图体现的不仅仅是文字信息，还有图形和色彩。一幅好的思维导图会通过形象的图形和多样的色彩来刺激大脑，从而加深对于某种知识概念的记忆。

行动起来

现在的我们已经知道了思维导图的来源以及其真正的意义，对于记忆和大脑思维过程的控制有了一定的了解，你们可以尝试把自己的想法用思维导图表达出来，找到自己记忆和学习中的创意和解决方案了。

那么我们就要拿起手中的笔，找一个最简单的知识体系来画一幅思维导图吧！

3.2 应用思维导图，打通任督二脉 ☆

我们可以把对学习内容的掌握程度分成"不会，会，熟悉，精，通"五个等级。如果应用思维导图，通过深入浅出的语言表达把复杂的知识体系说清楚，那么这些知识就会在大脑中形成一个条理清晰的脉络，并能真正做到融会贯通，让自己对该知识的掌握程度直接达到"精"或"通"的等级。

3.2.1　思维导图使用情况

从记忆的角度来说，任何情境下都可以使用思维导图，以提高学习能力，梳理知识点，厘清思路，提高成绩。把学习到的知识转化为颜色丰富、便于记忆、组织有序的示意图，既能反映大脑自然思维方式，同时也是便于大脑接受的自然思维方式，能有效促进记忆和思考。

我们在预习、课堂学习和复习阶段都能对同一个知识点绘制思维导图，但这三幅图形肯定会有明显的差异，复习阶段的思维导图肯定是最详细和有效的。

作为学生，我们平时学习时间比较紧，课上课下都有相应的学习任务，绘图时间也有限。所以，我们可以在复习阶段绘制，一方面对学习的内容有了自己的思考，形成了概念；另一方面有助于复习过程中对知识体系的归纳总结，加深记忆。

3.2.2　思维导图绘制步骤

要绘制一幅不错的思维导图，请先准备好以下"工具"：

- 空白纸张。一开始绘制时一定要准备较大幅面的纸，因为探索思想需要足够的空间，小的幅面可能会束缚思想发散。
- 彩色水笔和铅笔。对这些笔的要求就是能书写流畅，写出来的字易于辨认；关于色彩的选择则需考虑结构分明，重点突出；最好使用三种或以上的色彩来绘制思维导图。
- 你的大脑。
- 你的想象力。

步骤一

绘制一幅好的思维导图不一定需要有绘画的能力，只要能形象地表示中心思想即可，一些元素或者符号都是很好的"图形"，如图3-3所示。在此步骤中，就用最简单的文字以及框图来表示中心图形，为了突出概念，这里用黑色来表示"空间直线与平面"，加强色彩冲击。

用图形作为绘制思维导图的开端，能激活我们的想象力，启发我们的思维。

步骤二

针对分支的处理，这些分支元素要重视类别区分，不能所有的分支都是一个色调，多个分支可以用不同颜色来区分知识点之间的差异。

分支的顺序以及排列都是要事先有所规划的，对于入门的学生来说，从2点钟方向开始按顺时针方向进行绘制比较容易。熟悉之后我们可以根据自己的想法或者知识体系的特点来分布分支内容。

步骤三

这一步是丰富这些知识体系，将内容标示在分支以及连线上，要突出主题，并区分各类分支级别。一般一个分支就是一个词语，这样才能突出重点，如图3-3所示。

可以将关键词或者关联词用彩色笔写在线条上方，能帮助我们大脑将词语"图形化"，便于回想。除了颜色外，我们还可以利用箭头、符号、高亮或者其他的视觉效果来增加整幅思维导图的丰富性。

尽可能地使用图形，不是一味地通过文字添加中心思想，因为图形能很好地增强我们的记忆力，一幅图的作用甚至比得上一千个字。

步骤四

这一步是在所有主题词和关系都明确的前提下，对同一级别的关键词进行"关联"和"想象"，可以在同级分支上标记上一些虚线或者数字等。

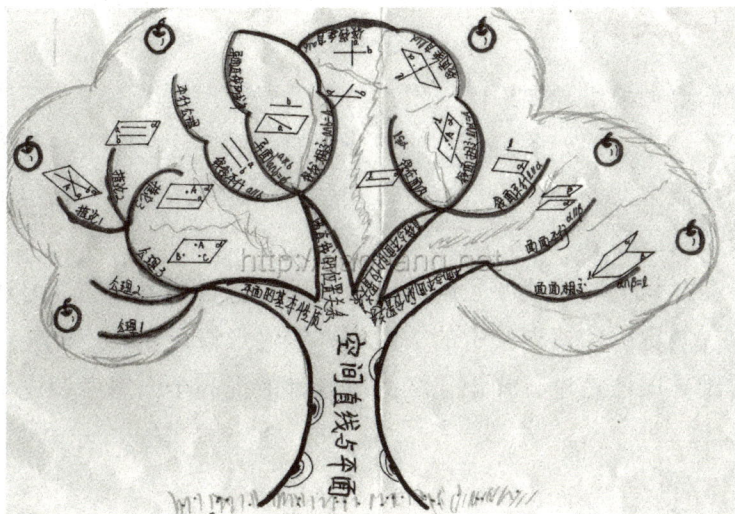

图3-3 "空间直线与平面"思维导图

3.2.3 思维导图逻辑

思维导图是一种对思维的发散和拓展，有时候可能会因为我们思路混乱，想法跳跃，让自己无法着手绘制。

如何厘清自己的思路呢？当对概念或者关键词的顺序没有规律可循，又对一些要点存在遗落的可能时，我们怎么保证思维导图的完整性呢？

掌握逻辑关系是解决这些问题最好的方法。在开始绘制思维导图之前要思考关键词并联想要素之间的关系。

1. 主次关系

思维导图本身就是分支级别的关系，所以要明确中心主题和分支上联想要素的关系、主线和分支上联想要素的关系。这种关系的明确是绘制思维导图最重要的部分，通过认识其中的递进关系、包含关系、总分关系等来区分主次。

2. 同级关系

我们要把思维导图中同一层次的关系厘清，比如主线上各联想要素之间的关系、同一条主线上所有分支的关系等这些分支与分支的关系。知识概念间的并列关系、对比关系、递延关系等都可以用来实现对同级关系的区分。

学习知识的时候就要了解关键词之间的逻辑关系，在学习过程中一定要反复琢磨和梳理其中的关系，并慢慢形成习惯，这样无论是在绘制思维导图还是进行知识记忆的时候都能提高全面思考和逻辑分类的能力。

3.2.4　思维导图原则

1. 独特性原则

同一个人在不同阶段画的思维导图是有差异的，而不同的人绘制同一个知识体系的思维导图也是有差异的。我们要珍惜自己的思维经验和模式，要随着思维导图的变化来展现学习的"与时俱进"。

独特性原则表明，任何问题都有其独特性。思考问题时要向更高、更深、更复杂的方向演变，因此，任何解决问题的方法都不是放之四海而皆准的。在寻求问题解决方案时，不能过分依赖过去的经验，而是要把其当成一个新问题、一个没有遇到过的问题来对待，这样就不会犯想当然的错误。

我们在绘制思维导图时要遵循如下规则：

（1）面对问题，不回想过去遇到过的类似问题，而是直接从该问题出发来认识其特殊性；

（2）深入思考解决问题的目的；

（3）将问题重新定位、归类；

（4）提出解决问题的方案时，首先要描绘"应有状态"的图像，反复自问什么状态是"应有状态"；

（5）努力改变成为问题前提的假设。

2. 展开目的原则

绘制一幅思维导图时要注意目的，有所侧重，将目的一个个进行深入思考。最初的目的只是起因，只有展开目的背后的目的，才有利于我们开阔思路，从整体上思考问题。

在遵循展开目的原则时需要注意以下几点：

（1）从学习知识的需求出发；

（2）将学习中最直接、最独特的目的作为出发点；

（3）目的表达要简洁；

（4）尽力展开，各个目的必须高于先前目的的水平；

（5）建立选择着眼点的准则；

（6）不同的目的对应着不同的方法。

3. 系统性原则

系统思维主要表现为能以整体的、动态的眼光分析与对应事物之间的互动关系，以及这种互动所导致的发展变化趋势与特征。系统思维对处理动态性复杂系统最为有效。学习中只有用系统思维才能抓住问题的本质：

（1）相同的行动在短期和长期内有相当不同的结果；

（2）看似明显正确的方法却产生了不合理的后果；

（3）整体不可分割，鱼与熊掌可以兼得。

行动起来

掌握了以上绘制思维导图的原则，我们还需要注重知识的积累，如图3-4所示，见多才能识广，平时要多读、多看、多练习、多琢磨。

此刻的你可以拿出某一篇语文课文试一试绘制思维导图，看看课文记忆中形成的思维网络能不能让你在短时内记住更多的内容。

思维导图能直观地表达课文和句子的结构，使我们无须花费大量时间去记忆课文的结构。从思维导图中我们可以直观地推断所要表达的内容，能达到快速而深刻记忆的目的。思维导图能直观地给出课文的概貌，无须我们在头脑中记忆。而关于事物的准确描述，则留给我们。我们在试探、猜测的过程中，自然能学到并记住准确的描述。因此，用思维导图表达事物更准确。

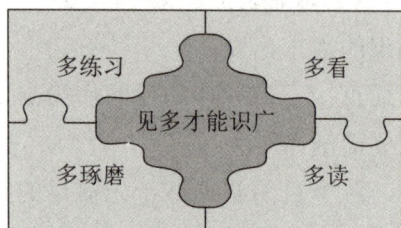

图3-4　思维导图的基础

思维导图的特征是在图的中心有一个核心（大型的思维导图也可以有多个核心），然后从核心向四周分支，表示课文的骨干；各分支再继续分出树状小支，表示每个骨干分支的细节。用重点符号表示课文的核心，图的布局没有定式。从这点看，思维导图结构清晰，逻辑性强，能精确地表达课文的内容。

思维导图采用了时空凝固技术。它常常虚构了课文描述的场景，采用了树状分支结构的图形，对课文的叙述顺序是动态的、直观的和连续的，这就是时空凝固技术。

3.3　天才的全脑模式 ☆

天才离我们远吗？有的人说：天才是少数的，我们不可企及！其实，天才就在我们身边，学会运用大脑，你我他可能就是下一个天才！

3.3.1　全脑学习的本质

为什么思维导图可以很好地发挥学习和记忆效果呢？

我们要从大脑的特点来分析，如第1章讲述的人的大脑分为左右脑，虽然两者的形状相同，但功能却有很大不同。思维导图的绘制就是左右脑并用最好的例子，将二者的功能联系起来，使二者相互协作，发挥最好的效果。所以，在学习中科学使用左右脑方能让记忆理解变得更轻松。

任何一个人学习能力的提高都不是单方面的进步，而是各方面能力整体提升之后的结果。全脑思维需要通过图形来促进左右脑互动，以提高我们的记忆力和发展我们的思维能力。

在学习中，我们多习惯于用左脑，但是左脑的记忆模式是"死记硬背"，遗忘率很高；如果我们运用右脑的"形象记忆"，通过物体的形状、功能类型进行记忆，自然就能达到长时记忆并形成创造性思维。而天才的形成就是通过右脑的"形象记忆"达到了"过目不忘"，从而在学习中发挥最佳的效果。

3.3.2　快乐的天才式记忆

如果我们在学习时带着快乐的情绪，自然就能以积极的态度和高涨的热情投入到学习中去。而全脑思考会让学习变得非常有意思，自然就会提高学习兴趣。

很多学生有这样的经验，在课堂上看着老师写了一黑板的数理演算过程，听着老师的讲述只感觉枯燥无味，而自己也只是一味地抄写，甚至不知道自己抄的是什么；即使知道抄的是什么，却无法记住，在课后又要投入很长时间进行复习。

而有一些所谓的"天才"，他们上课只是听，并不怎么记笔记，也不用特别复习，成绩却很好。

为什么会有这样的差距呢？真的是有天生的差别吗？

两类学生接受知识的方式是不同的。前者是多用左脑记忆的学生，他们建立了顺序、列单、逻辑上的知识体系；后者则是多用右脑思考，容易在学习中接收到色彩、规律、图像等"右脑式"的内容，听课自然就会轻松快乐，而且很难遗忘。

要做到快乐学习、积极思考其实是不难的，我们要掌握前面提到的大脑分工及其运用领域，在学习中合理利用这些"脑力"。

运用全脑思维能够形成积极有效的学习习惯，能克服对于学习的恐惧和焦虑，把痛苦学习变成快乐学习。

天才式的记忆模式自然需要调动所有的大脑细胞，快乐地阅读，提高阅读速度和记忆力，并轻松消化知识以求创新；快乐地记笔记，突出重点，图文并茂，风格独特，是笔记，也是作品；快乐地写文章，思路开阔，表达真实情感；快乐地演讲，发言时做到思维活跃，临场运用自如，情感丰富。这样的学习才是精彩的。

行动起来

现在是不是觉得天才离我们近了一步呢，良好的记忆习惯是走向天才的第一步，所以我们要为培养自己的思维模式走好每一步。

我们首先要对自己的大脑有自信，在记忆中运用"右脑记忆"所需的因素，比如色彩、图形等。只要日常学习中注意培养大脑使用方法，就能让学习变得不枯燥。

3.4　好记性也要好笔头 ☆

好记性不如烂笔头，但是如果有一个好笔头就事半功倍了。学生在阅读或学习过程中，为记住学习内容，做笔记已经成了"畅谈老调"。

1. 传统笔记的不足

大多数学生做笔记习惯就是按顺序做常规笔记，却很少意识到此种传统的做笔记方法存在着非常致命的弱点。以下是传统笔记的不足之处：

（1）埋没了关键词。

重要的内容要由关键词来表达，然而常规笔记中，这些关键词却埋没在一大堆相对不重要的词汇之中，阻碍了大脑对各个关键概念作出合适的联想。

（2）不易记忆。

单调的笔记看起来很枯燥，要点也很相似，会使大脑处于一种睡眠状态，拒绝和抵触吸收信息。

（3）浪费时间。

要求记些不必要的内容，读些不需要的材料，复习不需要的知识点，再次寻找关键词。

（4）不能有效刺激大脑。

常规笔记的线性表达阻碍大脑作出联想，因此会对创造和记忆造成消解效果，抑制思维过程。

2. "好笔头"的优势

何谓"好笔头"？与传统笔记相比，思维导图对我们的记忆和学习产生的关键作用有：

（1）只记忆相关的词可以节省时间：50%到95%；

（2）只读相关的词可节省时间：90%以上；

（3）复习思维导图笔记可节省时间：90%以上；

（4）不必从不需要的词汇中寻找关键词可节省时间：90%；

（5）集中精力于真正的问题；

（6）重要的关键词更为显眼；

（7）关键词并列在时空之中，可灵活组合，提高创造力和记忆力；

（8）易于在关键词之间产生清晰恰当的联想；

（9）绘制思维导图的时候，人会处在不断有新发现和新关系的兴奋中，鼓励思想不间断和无穷尽地流动；

（10）大脑不断地利用其皮层技巧，越来越清醒，越来越愿意接受新事物。

思维导图提供了一个"十拿九稳"的记忆方法，使我们的记忆能力成倍增长；而且思维导图把我们的创造性思维模式向四周无限地发散。这种思维导图笔记有很多优点，也将是我们终身受益的优秀学习方法，如图3-5所示。

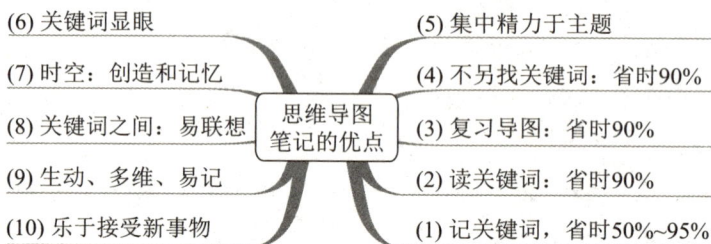

(6) 关键词显眼		(5) 集中精力于主题
(7) 时空：创造和记忆		(4) 不另找关键词：省时90%
(8) 关键词之间：易联想	思维导图笔记的优点	(3) 复习导图：省时90%
(9) 生动、多维、易记		(2) 读关键词：省时90%
(10) 乐于接受新事物		(1) 记关键词，省时50%~95%

图3-5　思维导图笔记的优点

行动起来

此刻的我们应该拿出我们之前做的笔记看看，检查自己是否运用了一些笔记技巧，如果有，那么恭喜你，你已经有了"右脑式"做笔记的意识；如果只是传统的记录文字，按顺序排列，那么请一定要改变这些习惯，把图形、色彩融合到笔记中，用思维导图去规划笔记方案。

3.5　思考，形成个人风格 ☆

思维导图的绘制需要眼、手、脑的配合使用，我们在多次使用后逐渐形成自己的风格。有的学生喜欢在重要的关键词中配上一些标志性的图案，有的学生喜欢用只有自己理解的数字标识先后顺序等，这种个人风格的展现对学生的思维建立非常有帮助。

3.5.1 良好的创作环境

思维导图的绘制就是一个创作的过程，建议要有一个合适的环境。在学习中我们可能只要有一个安静的环境就可以，那么在绘制思维导图时有一个刺激大脑的环境更有利，比如有着淡淡绿色的墙壁，名人照的桌面，窗外的风景等，当思维受阻的时候我们可以静下来看看窗外的风景。

高中学习的时候我最喜欢的环境并不是家中没有约束的书房，也不是大大的教室，而是我的宿舍，小小的宿舍里有很多激发我兴趣的元素。宿舍窗外就是一片绿地，我学习累了之后就会看看远方，继续学习时效率会提高很多。

思维导图的创作是一个全脑开发的过程，所以充满乐趣、无拘无束、能够激发灵感的创作环境就是最佳的。

3.5.2 创建自己的思维导图集

在绘制思维导图时要添加有我们自己标志的元素，比如标识、色彩、纹路、轮廓等元素，让自己的思维导图形成一个"数据库"。

1. 标识

绘制思维导图过程中为了方便回顾，可以画一些"思想方向标"，这样才能在体系复杂的思维导图中迅速找到重点，这里主要包括知识的重要结论、公式、理论等。如果在学习中找到了学科的特殊导图标记，那么就可以明确统一学科学习中的思路和方案。

2. 色彩

色彩是帮助我们记忆所用的。如果能统一色彩，那么在记忆中就会形成一种"条件反射"，以后我们看到某一种色彩就会自然联想到某些知识，也能明白其所表示的具体内容，或者了解其重要程度。

色彩的运用也要做到关联性明显，在分配色彩中需要做到"合理"，比如事物的价值好比黄金，那么在记忆事物价值的问题时可以用黄色的笔来书写或绘画。

3. 轮廓

轮廓有助于形成一个好的思维导图体系。我们可以准备一个便携笔记本，有空的时候就绘制一些简图，或者可以先画出一些轮廓、总结简图，来训练自己的思维方式。

对于轮廓的设计，要结合记忆知识的特点，如果轮廓和记忆的知识联系紧密，相应的思维导图效果就会非常明显。比如我们需要记忆的是地理位置的关系，那么轮廓形式可以结合地图的样式来绘制，这样就能很快找到自己需要记忆的地理位置和形状。

4. 集合

高中的知识都是有体系的，相互的关系也非常明确，只要能利用思维导图将相关知识点连接起来，我们就能清楚地看到学习中的关键信息，也会让学习更有趣。

每一门学科、每一个章节甚至每一次课程都可以用一幅思维导图来学习和记忆，把这些绘制的图集中在一起作为平时复习的资料，可以帮助我们高效地记忆内容，也是兴趣的积累。

行动起来

绘制思维导图，要准备一个合适的笔记本，比如有一定的绘制空间，可以用彩笔绘制，并能充分发挥想象空间的本子，然后将自己学习的过程绘制在上面。

好的开始是成功的一半，只要从一开始就按照思维导图的绘制方法坚持下来，那么后来的绘制会越来越顺畅，也会更有创意和联想空间。

思维导图刻印上自己的印记是很有成就感的，所以大胆地想象吧，让属于我们自己的风格引领记忆的魅力！

3.6 体验高效学习的灵活 ☆

思维导图在很多领域都发挥着重要作用，学生最关注的是其在各门学科学习中的作用。如何在学习中应用思维导图这种高效的学习工具完成课程知识掌握、减轻学业负担呢？

3.6.1 高考复习

复习过程中我们可以先用思维导图建立章节之间的知识体系，并通过联想将知识点和图形色彩结合起来，记忆关键的知识点，最后把零散的知识点编成故事的形式。大脑记忆自然就能对知识点的先后顺序、发展关系和内在联系有一个明确的思路。思维导图勾勒了一个知识体系的轮廓，把它们联想成一个整体的事物，这样也能防止在复习中遗漏知识点。

小试牛刀

地理知识非常繁琐，但是对记忆要求比较高，在记住知识的同时需要将其应用于一些计算和推理题中。地理知识有一个很大的特点是我们能找到很多知识点的关联性，所以很适合制作成思维导图，如图3-6所示。这里综合运用了思维导图制作中提到的色彩、图形、线条等要素，让记忆网络全面铺开。

这幅"高考地理三维复习"思维导图是将知识点总结成了三大部分，分别是"四个区域""四大能力""三大系统"，这是在复习时总结归纳的结果，而且表述得简单明确。以"三大系统"——"地球运动系统""人地关系系统""区域地理系统"为例，可以分别归纳出几个分支，在这些不同系统旁边配上对应的图片是帮助我们在记忆过程中能通过联想这些图片来理解分类的特点。

任何一幅思维导图都要充分利用图中可写可画的空间，这是属于绘制者自己记忆需要的补充。如果在学习新知识时绘制思维导图，复习时针对同一个内容还可以在过去的图形基础上进行补充，或者可以再绘制一幅新的思维导图，通过对比来强化记忆。

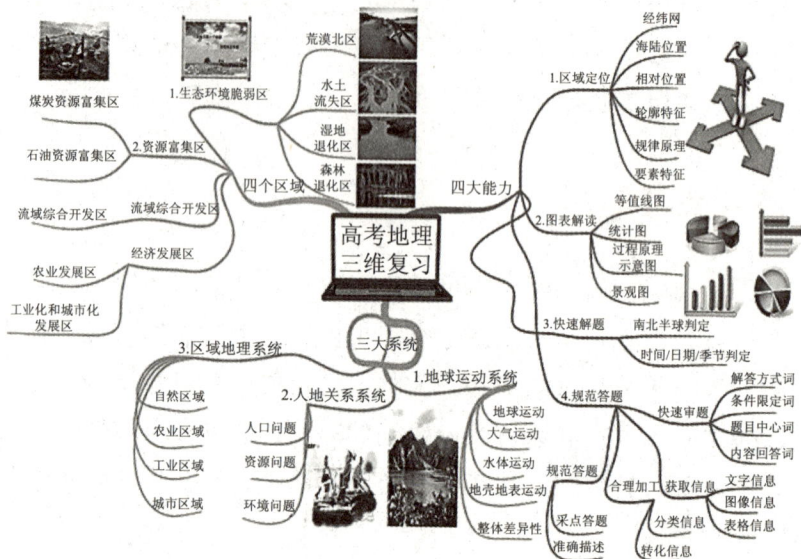

图3-6 "高考地理三维复习"思维导图

在对数学的推理与证明部分进行复习时要重视条理性，如图3-7所示，可以将自己需要重视的内容用特殊的颜色标识出来。

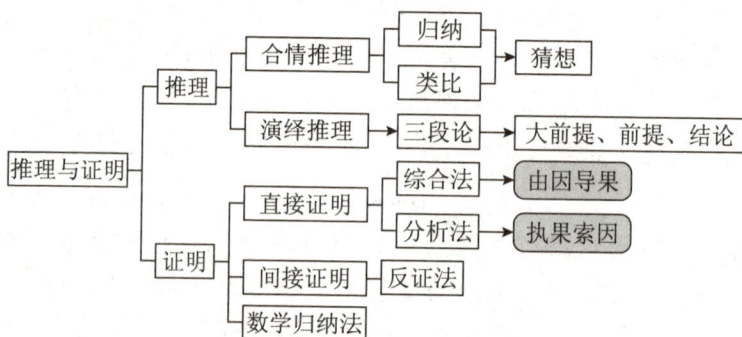

图3-7 推理与证明部分复习思维导图

思维导图还方便于知识点的分类，在化学复习过程中发现化学知识虽然相互之间有关系但却非常纷杂，如果只制作一幅思维导图就无法将知识说清楚，也不能全面地表述某个知识点。所以可以选择分块制作思维导图，但不局限于章节，如图3-8至3-11所示。这些导图关键在于：首先要建立一个主题，也就是某个知识点，然后要对高中化学有一个整体认识，对与之相关的内容进行梳理总结，并在导图中表述出来。

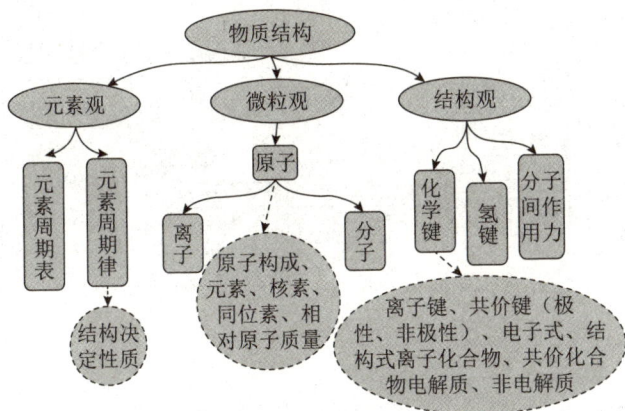

图3-8　物质结构复习思维导图

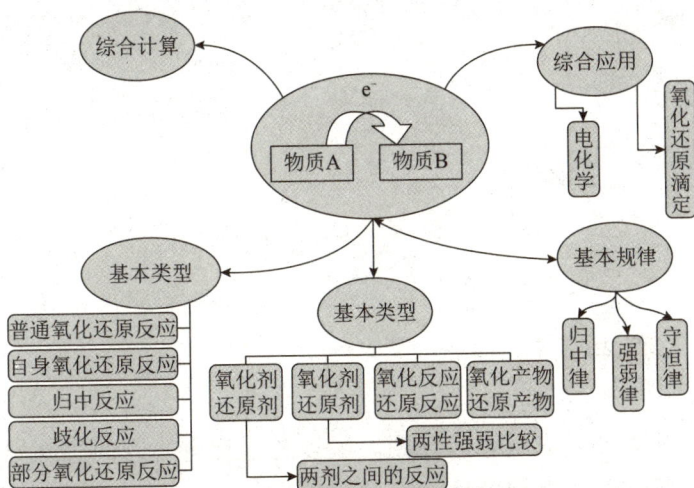

图3-9　物质相关解题复习思维导图

利用思维导图对知识点进行分块的归纳总结非常有利于记忆，而且不会出现记忆的混淆。从图3-8至3-11中可以发现这些思维导图之间有一些内容是重复的，可见，不同的主题下也会有知识的交叉。但在记忆时，通过图形建立的关系，我们就会知道在运用知识时该如何选择。

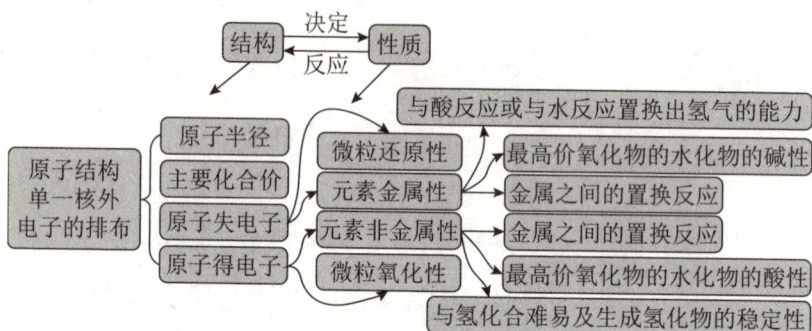

图3-10 化学结构与性质复习思维导图

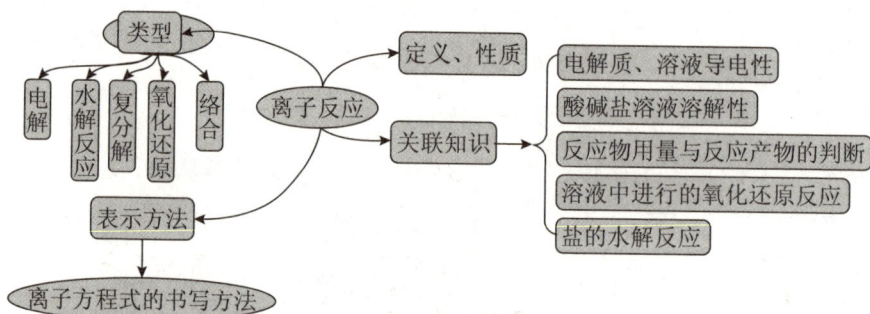

图3-11 离子反应相关复习思维导图

3.6.2 高中应试

考试时也可以应用思维导图。很多考题都有答题的思维导图，如果我们在平时学习时把这些答题的思维导图记在大脑中，那么考试时我们就可以根据这些图形引导自己一步步完成解答。

　　首先仔细审题是最重要的，要知道考题的内容是什么，并能把每一个跳入到脑海中的想法都记下来；然后根据确定的回答顺序来回答，并掌握回答每个问题所需要的时间长度。其实这些过程不一定要落实到纸上，关键是在思考的过程中形成这样的思维方式，自然就能达到比较好的答题效果。

　　需要注意的是，我们要抵挡住还未全部读题完毕就立即详细回答第一个问题的诱惑，对于正确解题来说整个题目的阅读是非常关键的。所以在解读整个题设之后创立一个思维导图简图，根据其指引，详细地添枝加叶，来完善答案，做到完美地解题。

　　考试中回答问题主要依赖于记忆的知识，而记忆的知识多来自一些联想。如果答题有思维逻辑，能清晰展示我们分析、组织、整合、交叉思考的能力和创造性解决问题的能力，那么即使题设有所变动或者设有陷阱，我们也能顺利应变。

小试牛刀

　　有一道非常简单的题目，已知：一台直流电动机，标有"24W，36V"字样，用多用电表测得它的电阻为2Ω。问：当这个电动机满负荷运转的时候，它的效率是多少？

　　首先，这道题的条件里谈到了电功率"24W"和电压"36V"，很容易就想到我们前面说过的公式：$P=U \times I$；通过电功率P和电压U可以把电流I求出来：$I=P/U$；再通过电流I计算热功率（损失功率）$P_{热}=I^2R$，然后就很容易地计算出效率了。

　　解题过程中，首先要找出关键词，展开联想，然后找出解题方法。这道题目的关键词是"电功率、电压、电阻、效率"，我们解题的思维导图如图3-12所示。

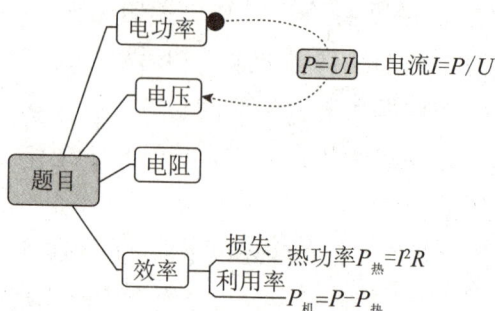

图3-12　解题的思维导图

3.6.3　高考写作

使用思维导图撰写文章前，要利用我们前期知识的积累初步形成轮廓，联想文章要写的内容，而且要考虑文章内容的逻辑性，这里就需要运用左右脑了。

在平时写作训练时，我们如果用大量的传统笔记找思路和写作，内容就会显得很死板且不丰富；如果我们用思维导图去找思路、绘制章节框架结构、拟草稿，内容就会看起来很丰富全面，脉络清晰，自然就能高效完成文章写作。

利用思维导图撰写文章的方法就是把文章命题中的关键词或者相关图形书写在白纸上，然后根据写作章节的设定画出对应的分支线，在连接线时联想到合适的线索要素，并发散思维归纳素材，最终搭建一个完整的文章脉络。

思维导图中需要展示文章中主要章节的内容以及提到的观点和相关的重要关系。一幅思维导图就是文章的书写脉络。

绘制思维导图还有一个好处就是如果发现思路有所中断，可以立刻修改和调整，画另一幅思维导图，不会在已经写了一半的时候发现灵感没了，那时就来不及调整了。

小试牛刀

2016年高考天津作文题：我的青春阅读

请根据下面的材料，写一篇文章。

在阅读方式多元化的今天，你可以通过手机、电脑等电子设备，在宽广无垠的网络空间中汲取知识；你可以借助多媒体技术"悦读"有形有色、有声有图的中外名著；你也可以继续手捧传统的纸质书本，沉浸于墨海书香中与古圣今贤对话的乐趣中……

当代青年渴求新知，眼界开阔，个性鲜明，在阅读方式的选择上不拘一格。请围绕自己的阅读方式，结合个人的体验和思考，谈谈"我的青春阅读"。

要求：①自选角度，自拟标题；②文体不限（诗歌除外），文体特征鲜明；③不少于800字；④不得抄袭，不得套用。

利用思维导图可以对以上材料进行系统的整理，并结合我们平时积累的素材对作文有一个很好的规划，如图3-13所示，仅供参考。

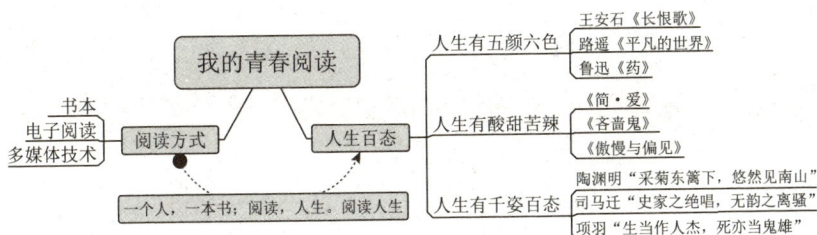

图3-13 作文的思维导图

行动起来

如果此时的你在学习新知识，那么就对新知识绘制一幅思维导图吧！它能帮你找到概念之间的关系，厘清相关的逻辑，提高学习的效率；如果你正在复习应试中，那么对已学的知识绘制一幅思维导图吧！它能帮你加深知识的记忆，增强对知识的理解，并提高考试中的反应速度和联想能力。

第 4 章
常用记忆法

提高记忆能力的方法有很多，它们之间的不同在于对知识的理解程度。我们要做的就是通过判断自己的注意力以及记忆内容的本质、分析记忆过程中的喜好，来确定适合自己的记忆方法。

4.1　背诵记忆法 ☆

谈到记忆，最先想到的就是背诵，通过反复朗读和背诵来记忆知识就是背诵记忆法。从我们接触学习开始，我们就学会了背诵。

有的人说，背诵记忆属于死记硬背的记忆方式，没有什么技巧，这并不准确。

"书不可不成诵。"我们的朗读和背诵离不开思考，在背诵中要遵循"循序而渐进，熟读而精思"的原则。也就是说，我们不只是将文字记入大脑中，更需要理解文字，并能在理解基础上进行思考，使书中的文字和自己心里所想的意思相通。

背诵记忆是按照一定比例将反复朗读、背诵、复述等相结合并灵活运用的方法，这种方法在记忆语文、历史、政治、英语等学科时尤为重要。

古往今来，很多成功人士都在背诵上有一定的方法。有的人喜欢默读，有的人喜欢大声朗读，有的人喜欢有感情地诵读。他们对于自己感兴趣的内容总能出口成诵。我们要想做到出口成诵，需要针对不同材料选择适合自己的背诵方法。

对于刚开始接触的新知识，最好的方式就是大声朗读，然后进行背诵和记忆，因为朗读是通过身体的多部位协调工作发挥作用的，效果非常突出，能让我们的大脑对这些知识都有记忆；默读往往是需要用心去体会的，可能在一些需要理解记忆的内容上要深入思考，选择默读记忆比较好；背诵就是针对那些重要的知识，或者自己想要"占为己有"的材料进行深刻记忆，达到能完全复述出来的水平。

我们高中阶段的学习就需要把朗读和背诵结合起来，一方面我们可以积累很多知识，另一方面还能培养我们的语感，增强我们对于文字的驾驭能力。

对于学习，尤其对于基础知识的记忆，基本都是从背诵开始的。比如我们需要背诵语文课本中的生字词、段落、古诗词等；数学、物理课本中的公式、定律、定理等；化学课本中的概念、元素符号、反应式等；历史课本中的事件、意义等；地理课本中的地理名称、气候、资源分布等。每门学科都有需要精确记忆的基础知识，这是我们学习其他知识的基础。

在朗读和背诵中要讲究一些方法技巧，并不是不论什么拿起来就读，这是不利于高效背诵记忆的。要做到高效背诵就需要重视几点技巧。

1. 有选择地背诵

背诵记忆其实是要花费一定的时间和精力的，所以不要对所有的内容都去背诵。比如我们在学习语文课文时，往往老师会要求我们背诵某一篇或者某几段，一方面因为把所有课文背下来是不现实的；另一方面背诵是为了用，只要背下有用的即可。

背诵记忆中要选择对自己有用的内容，比如，我们在学习古诗词的时候一般都要求背诵，尤其是一些有名的词句，这不仅是考核的要求，更重要的是我们在写作文的时候可以运用这些句子，能让我们的文章更出彩。

2. 从理解性朗读开始

背诵的前提就是要理解，我们在了解了自己的背诵任务后，就要先把这些内容理解透，一般理解清晰之后背诵起来就会简单很多。

我们对记忆内容有一个整体把握之后就可以大声朗读了，在朗读中学会断句发音，也能更深刻地理解内容。

3."脱稿"记忆，反复强化

朗诵四五遍之后就可以尝试"脱稿"，一般不可能完全背下来，要把自己卡壳的地方记录下来，然后反复强化记忆，将这些问题逐一攻克，很快就能将全篇背出。

我们每个人在背诵记忆时都会有一些差别，比如有的人可能记不住段落首句，有的人可能记不住段落中的逻辑关系，等等。所以结合自己的情况去找一些窍门，自然就能形成自己背诵的方法。

背诵记忆也不是一次性的任务，一定要反复背诵，对学习内容要有计划地进行复习。一般第一次背下来的内容隔几天就要拿出来再读一读、背一背，这样才能保证记忆效果。

小试牛刀

苏轼的《水调歌头》很多人都听过或者背过，这是一首优美的宋词，非常值得我们背诵记忆。

水调歌头

苏轼

明月几时有？把酒问青天。不知天上宫阙，今夕是何年。我欲乘风归去，又恐琼楼玉宇，高处不胜寒。起舞弄清影，何似在人间。

转朱阁，低绮户，照无眠。不应有恨，何事长向别时圆？人有悲欢离合，月有阴晴圆缺，此事古难全。但愿人长久，千里共婵娟。

第一步：将这首词看一遍，看看能否理解其中的意思，做到意译；

第二步：直译，遇到不了解的字词查资料弄明白其在语境中的意思；

第三步：完整翻译，并能理解词人作词的心境以及想要表达的情感。

第四步：大声朗读，直至能够完整背诵。

养成背诵的习惯，会给我们带来很大的好处，在增大知识量的同时，还能在解题、创作的时候游刃有余。背诵记忆除了依靠技巧之外，还需要持之以恒地学习记忆。

行动起来

想要看看自己背诵记忆的效率如何吗？拿出你的英文单词表，找15个单词，请在10分钟内背诵这些单词，看看自己能否完整地背诵下来！

4.2 抄写记忆法 ☆

抄写记忆法是一种很传统的记忆方法，在古代广为流传，比如，背诵四书五经时就是用的抄写记忆法。很多名人都有属于自己的抄写记忆法，比如明代文学家张薄的记忆方法是抄写一遍，朗诵一遍，然后烧掉，以此重复，直到记住为止；苏东坡记忆时就会抄写三遍，来加深自己的记忆。

抄写过程中我们需要做到全神贯注，通过眼睛对记忆知识材料进行接收，经过大脑对材料进行理解和思考，用口来诵读，而用手来书写，这种抄写模式比朗诵更能强化记忆。整个过程中我们需要调动五官、需要纸笔，可谓费时费力，但是这种记忆方法效果非常好，是背诵记忆的深化。

我们平时考试都是通过书写来答题的，抄写不仅能帮助我们正确写字，还有助于我们深入厘清记忆思路和逻辑。

针对不同的材料我们需要选择不同的抄写形式，一般分为全抄、摘抄和反复抄三类，这与时间以及记忆内容的重要程度有关。在抄写的时候要保证字迹清楚，记忆逻辑清晰，抄写的内容对于记忆很关键。

1. 全抄

全抄就是把需要记忆的知识一字不漏地记录下来。选择全抄要慎重，毕竟这是一项工作量较大的工作，要根据自己的时间来确定。尤其是一些复杂的内容，更要做好规划，不一定需要全抄，有选择的全抄也是非常关键的。

2. 摘抄

摘抄就是把材料中的重要段落、关键语句等抄录下来。高中学科中比较常见的摘抄内容就是一些重要的概念观点、名言警句、美词美句、关键数据等。另外，对于这些重要的知识一定要做一些批注，这样方便记忆，摘抄的时候也能重点突出。

3. 反复抄

反复抄就是指把最重要的知识重复抄写，这是为了加深记忆。每一次抄写的目的应有所不同，一般第一遍是为了理解其基本意思；第二遍是为了厘清逻辑，可以提炼关系词或者关联词句；第三遍是为了深入理解表达的情感或者其背后的意义，可以摘抄几个关键词句。

结合自己的记忆情况自行把握抄写次数，这样反复抄几次，越抄越少，越少就越好记。每抄一遍，都能及时地掌握记忆的速度。在紧张的考试复习阶段，运用此法尤为有效。

抄写记忆法在不同学科中有不同的作用，数学、物理、化学学习中，抄写公式、表达式、字母等能很好地了解其写法和关系；而在历史、政治、语文等学习中，抄写词句、结论等则能更好地理解和运用。

运用抄写记忆法的关键就是必须动脑思考，一边抄写一边回味，一边抄写一边理解。抄完一段，回顾一下，既检查了有无漏误，又加深了记忆。另外，对于抄写过的材料应该不时翻阅，才能收到抄写记忆法的最佳效果。

小试牛刀

化学课程中有很多的表达式需要记忆，我们来看这里的5个化学反应式：

①石灰乳与海水制取氢氧化镁：

$MgCl_2+Ca（OH）_2=Mg（OH）_2\downarrow + CaCl_2$

②少量氢氧化钙与碳酸氢钠溶液混合：

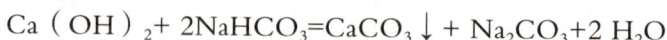

$Ca（OH）_2+ 2NaHCO_3=CaCO_3\downarrow + Na_2CO_3+2 H_2O$

③碳酸氢铵中加入足量氢氧化钡溶液：

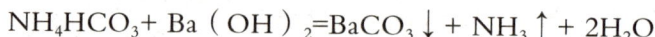

$NH_4HCO_3+ Ba（OH）_2=BaCO_3\downarrow + NH_3\uparrow + 2H_2O$

④大理石与盐酸反应制CO_2气体：

$CaCO_3+2HCl= 2CaCl_2+ CO_2\uparrow + H_2O$

⑤实验室制备氢氧化铁胶体：

$FeCl_3+3H_2O=Fe（OH）_3（胶体）+ 3HCl$

这些化学反应中有很多化学元素，反应结果都是和具体条件相关的，反应物的状态也是有明确标识的。如果只是看几遍很容易在一些细节上出错，只有自己抄写过，才知道哪里自己容易忽视，才能真正掌握这些化学反应式。

在利用抄写记忆法时要遵循以下几个步骤，才能保证高效完成记忆内容。

第一步：熟悉记忆的材料，判断摘抄还是全抄；

第二步：确定抄写内容，抄写三遍，离开材料默写；

第三步：针对默写中的错误，分析原因，理解之后记住。

行动起来

当你发现自己原以为记熟的内容在考试中还会出错时，就拿出纸和笔把这些内容默写出来，如果发现还有问题，说明你没有真正记住。那么抄写记忆法就是最好的选择，把默写时容易出错的内容按照一定的分类进行抄写，具体抄写几遍可以根据记忆程度来定。这样你在下一次运用这些知识时就可以做到准确无误了。

4.3 总结记忆法 ☆

　　总结记忆法是把记忆的内容由复杂变为简单，因为材料信息越简单，记忆越容易。通过总结概括来记住精华和重点，这种记忆方法适用于材料多且杂的情况。对于我们学习的很多知识，掌握其核心的知识点至关重要，只要抓住了核心内容，记忆起来就会轻松自如。

　　总结记忆法需要有一个大局观，首先要对材料进行充分的思考，提炼精华，抓住重点。这是一个理解的过程，所以这种记忆方法的运用要求全面了解材料内容，在记忆中要勤动手、勤动脑，认真筛选和提炼，这样才能将那些用于铺垫或者作为背景的材料删减，只保留最重要的核心内容。

　　运用总结记忆法的过程中要注意逻辑，有时候要根据记忆内容而定。

1. 主题的总结

　　这类总结相对容易很多，一般文章对于主题的表述都是有关键句的，所以我们只要理解和记忆这些关键词句或者标题就能很好地理解中心意思。

　　主题总结往往需要从一个更全面的角度去分析和理解内容，只有仔细解读才能明白作者的用意。根据不同的内容，我们可以有很多针对性的方法总结。比如在学习政治时，关键句一般在课本中都能直接找到。

2. 内容的总结

　　需要记忆的材料内容很多，就要敢于压缩和提炼，选取一些关键词句和相关的情节进行记忆。一般这里对于全文的精细记忆要求相对低，所以可以把材料内容化多为少，概括记忆。比如一些小说的记忆，因为小说中往往会给出很多的描述性文字，这样的主题表达或者情节发展都可以通过描述性文字总结提炼出来。

3. 概括的总结

知识点中的关键字能帮助我们将记忆的内容串起来，所以有时候只要记住这些字词就能达到对整个知识体系的把握。比如在学习化学时，氧化还原反应的记忆就可以通过这种方法记住知识点的概念，"在反应物中，失去电子的物质被氧化了，称为还原剂；得到电子的物质被还原了，称为氧化剂"。为了记忆方便，可以将这部分内容直接记成"失—氧—还""得—还—氧"。

高中很多学科的知识点都可以概括为一些简短的字词，就像记忆口诀一样。值得一提的是，这些关键字词的概括完全可以根据自己的经验来总结，提炼关键词时只要能记住即可。

总结记忆法中有不少是结合我们个人的习惯来定的，根据实际情况，我们可以单独采用一种形式来总结，也可以采用多种形式同时总结，只要能够提高记忆效率，可以灵活运用各种形式。总结概括本身就是一个循序渐进的过程，所以在最初运用的时候可能需要多花一些时间，但随着对方法的熟练运用，对知识的深入理解，我们对这种记忆方法就能运用自如了。

小试牛刀

利用总结记忆法记忆以下语文基础文学知识。

①《三国演义》《水浒传》《西游记》《红楼梦》

②王勃、杨炯、卢照邻、骆宾王

③《墙头马上》《拜月亭》《西厢记》《倩女幽魂》

④颜真卿、柳公权

第一步：解读记忆的材料内容；

第二步：抓住关键词句和重点；

第三步：利用数字、色彩、谐音等方式归纳总结。

①四大名著。根据谐音可记为：山上浇水种西红柿。

②初唐四杰。根据谐音可记为：捉住了亡羊，落在了炉子里。

③元曲四大爱情剧。根据谐音可记为：倩女的幽魂从墙头逃到了马上，经过拜月亭，进入西厢房。

④唐代两大书法家。根据姓，并称为颜柳。

行动起来

你在记忆中是不是发现很多记忆内容都是有一定规津的，那么就找出这些规津吧！然后根据自己的记忆习惯把它们总结成自己喜欢的或者印象深刻的简短的词句，那样你在学习的时候自然就能轻松记忆这些知识，在运用的时候也能轻松想起。

4.4　图表记忆法 ☆

图表记忆法，顾名思义就是把需要记忆的内容进行整理，结合知识点的关系和层次，制作成表格或者图形，用来简洁明了地表示相关内容，提高记忆的效果。

为什么要用图表呢？因为，如果用文字表述会显得更繁琐，用图表则会更清晰，而我们大脑对于图表的记忆效果也好于文字，所以图表记忆法的优点是更直观和清晰。

图表记忆法包括两种方式：一是图形记忆，二是表格记忆。两种有一些差别，图和表也要结合起来使用。图形的方式可以用来表示形象，也可以用来表示关系框图；而表格主要在于对比，数据的设计主要在于制作者如何规划这些具有共同性质且又有差异的知识点。

我们的传统记忆方式主要是声音，形象地说，就是用耳朵来进行听觉记忆；而图表记忆的记忆内容则是图和表，形象地说，就是用眼睛来进行视觉记忆。

运用图表记忆法时一般应遵循以下四个步骤。

第一步，图表转化。

解决的是文字转化为图表的问题。这是基础，因为没有图表就没有办法运用图表记忆。

第二步，图表联结。

解决的是图表之间相互联结成一个整体的问题。只有把图表联结起来，才能充分发挥图表记忆的威力。

第三步，图表定桩。

解决的是大量记忆需求的问题。当有大量资料要让我们记忆的时候，图表定桩能够让我们的记忆过程变得非常简单，同时也更加快速、更加有效。

第四步，图表整理。

解决的是复杂的记忆问题。当我们面对复杂的记忆内容的时候，就需要灵活地运用图表整理的方法，把这些杂乱无章的图表变得更简单、更有规律、更容易记忆。

小试牛刀

学习数学过程中我们发现很多知识点是有层次的，所以为了把一些概念厘清楚，可以尝试利用图形的关系表示出来，这样就能让人一目了然了，如图4-1所示。

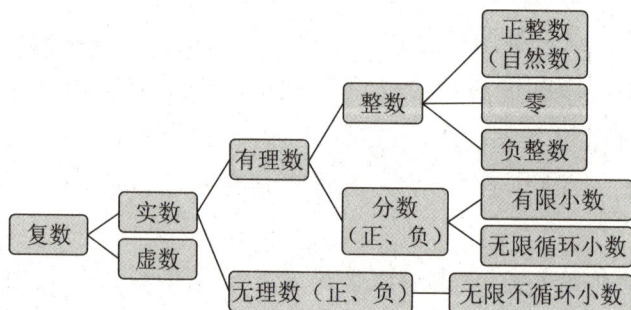

图4-1　数学各种数之间的关系图

在学习历史的过程中我们会发现，很多文字是在阐述历史事件，如果把关键的字词摘出来就会发现涉及的主要就是人物、时间、地点、事件等，我们可以在表格中列出来，这样既能清晰地表述事件发生顺序，又能理顺彼此的关系，记忆起来非常简单。表4-1所示的是第二次鸦片战争后洋务派举办的一些军工企业。

表4-1 近代主要官办军工企业列表

企业名称	创办人	创办时间	地点	经营范围	地位
安庆军械所	曾国藩	1861年	安庆	仿制洋枪洋炮	第一家近代军工企业
江南制造总局	李鸿章	1865年	上海	枪炮、弹药和轮船	近代最大的军工厂
福州船政局	左宗棠	1866年	福州	船舶	近代最大的船舶修造厂
天津机械局	崇厚	1867年	天津	枪炮和弹药	规模仅次于江南制造总局的军工厂

行动起来

你的很多学科知识都是可以通过图形和表格整理汇总出来的，这时候不要怕麻烦，在日常复习的时候多用这些图表，它能帮助你很好地理解，加深记忆。此刻你就可以拿某学科某一章节的内容进行层次关系图的绘制，检测一下自己对整章知识的掌握程度吧！

4.5 联想记忆法 ☆

联想记忆法是将需要记忆的知识点和大脑中已存有的事物建立联系，这样那些已经熟知的事物就成为记忆的"钩子"，把知识从记忆中钩出来，利用一个钩子就可以把知识记住。这对于记忆大量的知识点来说是非常重要的。

联想就如同一把钥匙，能帮助我们打开记忆大门，它的记忆基本法则就是在新的信息和已知的事物之间建立关联。如果在最初建立记忆的时候我们自然联想到了某个事物，那么这个新信息肯定能记得特别快，因为它已经自然地与我们已有的知识产生了关联，成为大脑记忆中的一部分；如果大脑无法自主产生关联，我们就要有意识地建立关联，这是运用联想记忆的过程。

高中学习中我们需要记住很多概念和原理等，这时候选择联想记忆法能夯实我们的知识体系。我们可以编一个简单、直接的故事，在脑海里呈现出具体情节。依靠联想，我们可以把输入大脑的信息串联编排，构成记忆的网络；依靠联想，我们能从记忆仓库中找到所需，并顺利地提取出来。我们如能抓住联想的规律，学会联想的方法，不但有利于迅速记忆，而且有利于巩固记忆。

联想记忆法有多种形式，因为联想往往不受限制，你可以根据不同的内容进行联想，也可以在两种事物之间建立不同的关系。

1. 表象联想法

表象联想法是将需要记忆的东西与其实物联系起来的记忆方法。如识记"蚯蚓"这个词的概念，只记这两个字不易巩固，必须在脑子里浮现出那种令人恐惧的物象才行。浮现物象时，就像面前拉开的银幕一样，看着文字，听着读音，当场就能把银幕上的物象描绘出来。这样经过多次练习，养成习惯，就容易把物象印到脑海里。

使用表象联想的要领有：

（1）尽可能把记忆对象在脑海里变换成具体物象。如学"寄寓"一词时，就想象自己正住在姥姥家。

（2）多用夸张物象的方法。如学"细菌"一词时，就把它扩大到像在教科片中看到的那种细菌。

（3）把抽象的东西化为具体的东西。如学习"含英咀华"这个抽象成语时，可能有些费解，你可把自己比作正在摇头晃脑欣赏一篇好诗文的老学究。

（4）有时需记众多事项，你可用整体物象法来记忆。

2. 接近联想法

接近联想法是根据有些事物在空间或时间上相近之特点而建立起来的联想方法。如看到带鱼，马上会想到大海；一提到井冈山，会想到朱德曾在那里会师等，都是因为这些事物在空间上有接近之处。又如，一提起诸葛亮，马上就会想到"借东风"和"三顾茅庐"；一提起鸦片战争，马上就会想起1840年和林则徐的禁烟运动等，因为这些事物在时间上接近。

学习中，如果运用这种方法，把遇到的事物和学习的知识与相近的事物联系在一起，就可产生联想，形成空间或时间上有关联的系统，而且提起一种东西就可能联想到一大串内容。

这种联想是根据事物之间在现象或本质方面有类似之处而建立起来的联想，主要是突出事物的共同性或相似性，它对学习和记忆发挥着重要作用。如集中识字教学之所以能得到大力推广，就是因为它利用了汉字结构具有音、形、义方面的相似性。它是依据汉字的造字规律，抓住特点，把常用汉字分别归纳成不同的类，然后编成《快速集中识字手册》在全国进行推广。又如，平行四边形的面积公式的导出，就是利用两个全等三角形的相似特点推出来的。把一个平行四边形的两个对角顶点连起来，就构成两个全等三角形，而三角形的面积公式是"底乘高除2"，两个全等三角形合起来构成的平行四边形，正是一个三角形的2倍，两两抵消，得出平行四边形的公式是"底乘高"。这样就很容易记住了。

3. 对比联想法

对比联想是根据事物之间往往具有对立性的特点而建立起来的一种联想。如由热想到冷，由甜想到苦，由爱想到恨，由落后想到进步等。由于想到的事物具有对立性，因而将其归纳在一起。用对比联想增强记忆，效果就特别显著。

4. 奇特联想法

奇特联想是世界上公认的"记忆秘诀",也是一种记忆的"诀窍"。奇特联想法是利用一些离奇古怪的想法,把有关事物、词语或知识串联在一起,在大脑中形成一连串的物象来增强记忆的方法。

运用奇特联想法时有三个要点必须掌握。

(1)将静态事物动态化,让本来是静止的东西、想法动起来。如"气球、墨水、草原"三个不相干的名词,你要连起它们达到记忆目的,可想象成墨水挂到气球上向草原飞去。

(2)用甲事物取代乙事物,或让甲事物变成乙事物的一个组成部分,把它们联系或组装起来。如"铅笔、草帽、大豆、拖拉机",可以想象成铅笔代替了人,戴着草帽坐在拉大豆的拖拉机上。

(3)将被记事物进行夸大或缩小,增多或减少。如要记住"手表、南瓜、滑梯"这三件事物,怎样联想呢?可想象为手表像南瓜那样大,从滑梯上滚下来。用这种方式对事物进行随意组合,就可展开联想,收到最佳记忆效果。

奇特联想法乍看起来有些可笑,但需记多项事物的时候,它就会发挥特殊效能。训练习惯之后,要记一连串的词语和事物,就会轻松多了。

5. 故事联想法

故事联想是最简单的联想。为什么简单呢?就像看电影一样,只要看过电影的剧情,就能回忆出电影的细节。的确,电影的情节应该比书本的知识更容易记住,电影除了具有声色光影(听觉记忆+视觉记忆)外,丰富的故事情节更是快速记忆的关键。所以不妨运用故事联想法来记忆。

故事联想法很简单,只要善于联想,再多的资料都不是问题。而且还可以随着故事联想做长期存盘,使记忆变得更牢固。

6. 声音联想法

什么是声音的联想呢?例如,某人的声音低沉,我们可能会联想这人很沉稳；尖厉的声音可能联想到紧急、恐惧的情景。除了声音本身的特质（音频、音质、音量等）可以作为联想的线索外，谐音或译音也可以成为声音联想的素材。

例如，我们众所周知的美国电影明星汤姆·克鲁斯（Tom Cruise），Tom的译音"汤姆"，也可以由谐音变成"他母"，再联想成"他"的"母"亲很美。因为想到他的母亲很美，而联想到他的名字汤姆，这两个联想使我们更容易记住他的名字。另外一个知名的美国人物亨利·基辛格（Henry Kissinger），只听中文译名就会联想到这个人很有特点、很有性格对不对？这也是译音的联想，我们也可以联想他亲吻（kiss）一个歌星（singer）。是不是可以轻松地记住他名字的英文拼写了？因为听觉（声音）是重要的信息来源，如果可以在第一时间运用声音联想做记忆存盘的话，学习不仅更有效率，也会更有趣。

除了以上提到的联想记忆的方式外，还有口诀联想、顺序联想、韵律联想等。联想记忆法适用于相互间没有明显联系的事物。要记住多少个事物，只需在这些事物间依次作形象联想就行了。

在训练自己的联想记忆能力时，我们要明确以下几个要点，才能更好地记忆。

（1）联想要夸张、荒诞、离奇。

（2）找适合自己的联想方式。如果在想象过程中，对夸张、荒谬的联想产生抗拒心理，可以尝试进行其他合理的联想。

（3）以熟记新。将自己最熟悉的事物与新的事物进行关联。

（4）归类对比。拿相类似的两样事物作对比联想。

小试牛刀

英语中记忆单词最常使用的就是联想记忆法。因为中文在我们的大脑中已经形成了一个知识体系，而英文是异国文字，我们记忆起来有些困难。所以，我们可以将英文单词和现有的中文建立联系，并从词义、谐音等多种角度去联想。这样记忆理解单词非常有效。

　　表4-2所示为几个英文单词的记忆方法，通过联想记忆可以帮助我们区分一些相似单词，也能理解单词的使用语境。

表4-2　运用联想记忆英语单词

英文	中文	分析	联想记忆
alter	v. 改变	后来later，a变更到l前	后来（later）改变了（alter）计划
burst	v. 爆裂，爆破，爆发 n. 突然破裂，爆发，脉冲		语境记忆: They burst out laughing. 他们突然大笑起来。
dispose	v. 处理，处置，部署 vt. 布置，安排，去除	dis（分开）+pose（姿势）	分开（dis）摆姿势（pose），多余动作去除 Man proposes, god disposes 谋事在人，成事在天
blast	vt. 爆炸，，毁灭，损害 n.一阵（风），一股（气流），	b（爆），last（最后的）	爆，最后发生了爆炸，产生一股极强气流
classmate	n. 同班同学	class（班级），mate（伙伴）	班级（class）里的伙伴（mate）是同班同学

行动起来

　　你是不是还没有意识到自己早就开始使用联想记忆法了呢？！当你看到的知识和大脑中的某个事物产生联想时你是否就会有一个记忆的"刺激"？比如中国、加拿大等国家的地图，它们都有对应的形状。这时候的你需要做的就是强化这种联想的记忆，并主动去建立联想，让这种关系结合得更加紧密，你就逐步熟悉了联想记忆的方法。

4.6　比喻记忆法 ☆

　　比喻记忆法采用比喻的方法，对记忆知识点进行加工处理，使其更加形象和具体，从而提高记忆效率。比喻属于文学修辞手法中的一种，在我们的学习中很常见。其实很多比喻手法的运用就是希望读者能更好地理解某种事物，达到记忆深刻的目的。

1. 变未知为已知

比喻记忆法可以把未知的东西变成已知的东西，从而达到轻松记忆的效果。在很多概念的学习中都运用了这种方法。比如孟繁兴在《地震与地震考古》中讲到地球内部结构时曾将鸡蛋比作地球：整个地球就像一个鸡蛋，地壳好比是鸡蛋壳，地幔好比是蛋白，地核好比是蛋黄。这样就把尚未了解的知识与已有的知识经验联系了起来，我们记忆起来就会简单很多。

2. 变平淡为生动

在学习中我们往往遇到一些很平淡，记忆起来很困难的内容。平铺直叙地描述事物，我们会觉得平淡无味，而恰当地运用比喻，往往会使平淡的事物生动起来，更容易记忆。比如韩愈描写琴声："昵呢儿女语，恩怨相尔汝。划然变轩昂，勇士赴敌场。浮云柳絮无根蒂，天地阔远随飞扬。喧啾百鸟群，忽见孤凤凰。跻攀分寸不可上，失势一落千丈强。"这使人头脑中浮现所比事物的情状，给人具体、亲切的感受，并留下了深刻的印象。

3. 变深奥为浅显

如果知识点过于深奥，对于刚开始学习的我们来说记忆有一定的难度，我们要学会利用比喻的方式将知识简化，喻深以浅，喻难以易，就能提高记忆的效率。比如鲁迅先生在文中描写旧社会的黑暗，他比喻得很贴近生活："可是在中国，那时是确无写处的，禁锢得比罐头还严密"。用浅显的话来说明深奥的道理，用易懂的事例来说明难懂的问题，使得妇女、儿童、樵夫、村民都能听懂并记牢深奥的道理。

　　我们学生对于枯燥的概念公式的记忆也是要将其由深奥难懂变为简单易懂。比如学习生物中的自由组合规律时，用篮球比赛来比喻说明：篮球比赛时，同队队员必须相互分离，不能互跟。这好比同源染色体上的等位基因，在形成F_1配子时，同源染色体要分开且相互分离，即体现了分离规律。篮球比赛时，两队队员之间可以随机自由跟人。这又好比F_1配子形成基因类型时，位于非同源染色体上的非等位基因可以机会均等地自由组合，即体现了自由组合规律。篮球比赛人所共知，把枯燥的公式比作篮球比赛，自然就容易记住了。

4. 变抽象为具体

　　将抽象事物比作具体事物可以加深记忆效果。如地理课中的气旋可以比作水中旋涡。这样的比喻，会使我们觉得所学的内容形象、生动，从而增强记忆效果。

　　比喻作为一种修辞手法有三种形式：明喻、暗喻和借喻。三种形式的异同点主要体现在比喻词的运用上，往往出现"像、若、如、仿佛、似"等词语的时候就是明喻；出现"称为、变成、当作、化为"等词语的时候是暗喻；而借喻是不用任何连接词的，是直接用比喻体代替了本体的一种比喻形式。

　　无论运用什么比喻形式，只要比喻形象贴切，就能达到以上提到的"变未知为已知，变平淡为生动，变深奥为浅显，变抽象为具体"的目的，对于我们学习中的记忆都是有很大帮助的。

小试牛刀

　　高一地理学习中国地图，怎样能做到准确快速地将中国地图中各个省份的位置记住呢？我们就需要运用比喻记忆法。中国地图像一只大雄鸡，可以把这只鸡分为成六部分：鸡头、鸡背、鸡尾巴、鸡肚、鸡脚、鸡屁股。

　　鸡头最容易记，就是黑龙江、吉林、辽宁。

　　鸡背只有一条，就是内蒙古自治区。

鸡尾巴更简单，就是新疆维吾尔自治区。

鸡脚也很简单，就是台湾和海南。

难点是鸡肚和鸡屁股。省份太多了。不过不要怕，我们有一个方法就是，把鸡肚看成一个倒三角形和一个十字架，把鸡屁股看成一个长方形和一个正方形。

倒三角形：把广东省看成倒三角形最下面的角，把福建省、江西省、湖南省看成倒三角形的腰，把湖北省、安徽省、浙江省看成倒三角形的底线，这样就构成一个近似的倒三角形了。香港、澳门包含其中。

十字架：把宁夏、陕西省、山西省、山东省、江苏省看成一横，再把河北省、河南省看成一竖，一横一竖构成一个十字架。

长方形：把西藏、青海省、甘肃省看成一个斜着的长方形。

正方形：把四川省、云南省、重庆、贵州省、广西看成一个正方形。

通过上面的介绍，相信各位同学能够很容易记住中国地图！

行动起来

你不妨拿出世界地图，利用比喻记忆法，对一些重要国家以及城市的地理位置进行记忆。你要细心地观察记忆内容的特点，也要大胆地想象，尝试用比喻的方式更形象具体地理解和记忆知识点吧。

4.7　比较记忆法 ☆

比较记忆法是用比较的方法使事物之间的相同点和不同点更加清晰地呈现，从而更深入地理解记忆的知识点，强化记忆。在比较过程中一般需要把异同和相互的关系分析清楚，分析得越细致越有利于记忆。

在高中学习中我们离不开比较记忆的方法，因为这样我们才能把容易混淆的知识区分开，做到准确无误地记忆，才不会在考试中出错。作比较能更全面地认识需要记忆的内容，因为我们在比较之后才真正了解事物的特征；作比较能帮助我们更好地理解所学的知识，因为有比较才有鉴别。

比较是我们认识客观世界的重要手段，不经过比较，我们就难以辨明事物的特性、本质，难以弄清事物之间的相互关系及异同。

1. 比较的作用

比较的作用主要体现在以下三个方面。

（1）全面地识记材料。对同类材料进行比较阅读，就能达到全面了解材料、进行"立体"记忆的效果。

（2）准确地识记材料。记忆的准确性与最初识记有直接的关系。如果输入大脑的信息有误，那么提取时必然不准。而比较是实现准确记忆的关键。

（3）深刻地识记材料。很多识记材料之间既有相似之处，又有不同之处，难以辨别。在记忆某一材料时，如果能找同类材料阅读参考，稍加比较，各自的特点就突出了，印象也会随之深刻。

2. 比较的原则

比较的方法很多，主要有对立比较法、对照比较法、顺序比较法、类似比较法等。比较的基本原则有二：

（1）同中求异，即在识记材料共同点之外找出其不同点。比较时不要停留在材料表面现象的认识上，应着眼于它们本质属性的比较，抓住细微的特征进行记忆。

（2）异中求同，即在识记材料不同点之外努力找出它们的相同点或相似点。世界上的事物纷繁复杂，尽管表象千差万别，但往往在本质上有一些相同点或相似点。如果我们能找到它们，就会记得更扎实。

小试牛刀

用比较记忆法记忆不同学科中的相似概念。

（1）用比较法记忆数学概念

①等式、代数式、方程的区别

等式含有等号，代数式不含等号，方程是含有未知数的等式。

②直线、射线、线段的联系与区别

● 联系：直线、射线、线段是整体与部分的关系，线段、射线是直线的一部分。它们都是由无数的点构成的，在直线上取一点，则直线可分成两条射线；取两点则直线可分成一条线段和两条射线。把线段双向延长或把射线反向延长就可得到直线。

● 区别：直线无端点，长度无限，表示直线的字母无序；射线有一个端点，长度无限，表示射线的字母有序；线段有两个端点，可度量长度，表示线段的字母无序。

（2）用比较法记忆物理概念

①音调、响度和音品的联系与区别

● 联系：音调、响度和音品（也称音色）是音乐的三要素。

● 区别：音调由发声体的振动频率决定，响度由发声体的振幅、离声源距离的远近决定，音品由发声体本身的性质决定。

②熔点和凝固点

● 晶体的熔化温度叫熔点，晶体的凝固温度叫凝固点。

● 对于同一种物质来说，凝固点与熔点相同。

③升华与凝华

● 物质从固态直接变成气态叫升华，从气态直接变成固态叫凝华。

● 物质在升华过程中吸热，在凝华过程中放热。

（3）用比较法记忆化学概念

①分子与原子

● 分子是保持物质化学性质的最小微粒，原子是化学变化中的最小微粒。

- 有些物质是由分子构成的，如水、氧气；而有些物质是由原子直接构成的，如汞。

②混合物与纯净物

- 混合物是由两种或多种物质混合而成的，这些物质相互间没有发生化学反应，混合物里各种物质都保持原来的性质，例如空气。
- 纯净物是由一种物质组成的，例如氧气。

③单质与化合物

- 由同种元素组成的纯净物叫作单质。
- 由不同元素组成的纯净物叫作化合物。

（4）用比较法记忆历史事件及年代

①公元前221年，秦始皇统一中国；公元221年，刘备建蜀。

②张骞出使西域，两次的时间分别为公元前138年和公元前119年。后者与火警电话号相同，19的2倍又正好是38。

③1616年，努尔哈赤称汗，建金；1661年，郑成功收复台湾。同理可记：马克思诞生于1818年，鲁迅诞生于1881年。

行动起来

你有一些容易混淆的知识点吗？那就采用比较记忆法好好梳理一下。需要注意的是，你一定要从相同点、不同点、相互关系上去分析，只要你用心理解，就会发现两者虽然很相似，但它们也有本质上的区别。当你在比较中"抓住"这些区别的时候，就是记忆最好的时机！

4.8　规律记忆法 ☆

规律记忆法是指利用记忆内容本身的规律来记忆，认识和把握事物的规律，并通过规律来认识其他事物，运用规律的普遍性和重复性来记忆整个体系的知识点。这是一种有效而且便捷的记忆方法，往往能达到长时记忆的效果。

很多事物都存在一定的规律，我们认识事物的过程就是认识其规律的过程，所以在记忆中如果能从规律上来理解，自然就能达到高效记忆。

我们需要记忆的很多知识点本身就是事物的规律，比如数学中的定理、物理中的定律等。我们从现象去理解事物的本质，就是从它们的根本去分析，深入思考之后自然就会总结出其规律，从而能更好地解释现象。

规律记忆法在训练过程中最关键的是找出事物的规律，即找出需要记忆内容的内在联系。有些知识已经有了前人的总结，那么我们只需要理解这些规律，然后记住它们；如果我们学习的知识还没有规律，那么我们可以尝试用自己的方式来总结规律，这样我们的记忆会更加深刻。

数学解题中有一种数学归纳的方法，这就是一种规律记忆法，这类题型基本都是找规律，然后总结。总结规律本身就是一种重要的能力，我们需要不断地训练才能提高。

首先，我们需要多接触一些有规律的事物，运用规律对各种事物进行理解，并能运用规律总结出来的方法和技巧，掌握其中的精髓。熟悉找规律，就能提高我们的分析能力。这对于我们来说并不难，只要我们在不同学科中多总结规律，能力就会不断提高。

其次，我们需要在实践中不断摸索并积累经验，让自己总结的规律更全面。比如我们记忆英语语法，很多语法规则是雷同的，换汤不换药，只要真正理解和掌握了语法规则，自然就能很轻松地理解文意，做出正确的选择。

从某种角度来讲，我们高中阶段大多数内容的学习都在于掌握知识的规律，有时候内容并不是关键的，其本质规律才是我们需要学习的。因为在高考的时候我们几乎遇不到曾做过的完全相同的题，但是考核的知识点却是我们学习过的。这说明高考考查的是我们掌握的那些规律，检验我们能否灵活运用这些规律。

小试牛刀

化学学习中需要记忆的内容非常琐碎，元素多，各种化学反应也比较复杂，这多少会让我们感觉混乱。但当我们从规律的角度去分析时，发现原来如此简单！

我们可以把前18号元素的原子结构示意图都画出来，便可以从中找到一些规律，而这些规律与化学元素的本质特征是息息相关的。

- 所有原子的核外电子数之和与核电荷数相等；
- 除氢外，原子的第一层电子数均为2；
- 核电荷数为10（含10）以上的原子，第二层电子数为8；
- 稀有气体元素的原子最外层为8个电子（氦为2个）；
- 金属元素的最外层电子数一般少于4个；
- 非金属元素的最外层电子数一般多于或者等于4个。

行动起来

如果你想要训练自己"找规律，做总结"的能力，可以多做一些与数列相关的题目。很多数学题都是从规律出发命题的，而求解时也是从规律出发确定解题思路的。你要提高自己的"规律意识"，这样即使题型千变万化，在你面前也只是"万变不离其宗"。

4.9 分类记忆法 ☆

分类记忆法是我们在学习中要掌握的一种记忆方法，它往往是在知识材料积累到一定数量之后才会用到的。我们在学习与复习中对不同种类知识点的记忆就经常会用到这种方法。

我们在记忆的时候会自动将那些相关的材料归纳成某一类，这样就能使记忆更加持久。一般，我们对于已经分类整理清楚的知识会记得更快、更准。

1. 分类记忆法的特点

（1）知识分类前，先确定分类原则，归纳什么，扬弃什么，目的明确了，才能提高理解力和记忆力。

（2）知识分类后，方向明确，选题单一，在复习时各个击破，可以避免不同类材料之间相互干扰。

（3）分类过程中，我们对不同的类别不断进行对照，相似的材料相互启发，能温故而知新，并及时发现问题、解决问题。

（4）分类法是其他记忆方法的基础。正确认识分类的作用，才会准确理解知识。分类其实就是其他记忆方法的前提，只有分类之后，才有可能制成图表、提纲；只有分类合理，图表才能制作精良，提纲才可能条理清晰。

分类是去芜存菁，材料相应减少，缩短了学习时间，提高了记忆效率。分类的标准不是单一的或局部的，它是需要我们在学习中根据实际情况来确定的。

2. 分类的标准

分类不是按一个标准，可以按记忆对象的机能、构造、性质、材料、大小、颜色、重量、场所、时代等进行。在阅读文章时，可以把同义、近义的词列在一起，如安顿、安放、安排、安置，宁静、平静、清静，再仔细体会其"同"中之"异"；也可以把反义词组合在一起，如美与丑、优与劣、真与假、进步与落后、战争与和平，等等。将这个原则应用到学习英文单词中，就能把相关的词都记下，并且可引起联想，从已经熟悉的单词带出不太熟悉的单词。

分类时，分组的数量要适量，如果分组太多，记忆仍非常费劲；如果分组太少，组内包含的物体数量就会增加，而且各个组包含的物体数量也不能相差大大。心理学家研究表明，每个"组块"应在7±2个为宜。

　　我们的思维是基于概念来理解事物的，所以对事物的分类也是对概念的分类，通过分类能够揭示事物之间的内在联系，并记住它。

　　我们还可以按照逻辑关系分类。如按时间、事件、人物、文体等原则划分。如按文学基础分类，将其中自成体系的东西归纳为几大类，不外乎现代文学、古代文学、外国文学、古代汉语、现代汉语等几大类。

　　通过分类达到厘清思路、缩小范围、抓住重点、方便记忆的目的，这是我们在日常学习中能高效记忆的最佳方法。

小试牛刀

　　语文学习中有很多成语，要记住非常困难，利用分类记忆法可以结合成语的特征来归类。

（1）数字成语

一唱一和	一呼百应	一干二净	一举两得	一落千丈
两败俱伤	两虎相斗	两面三刀	两全其美	两小无猜
三长两短	三顾茅庐	三令五申	三生有幸	三思而行
四海为家	四分五裂	四面楚歌	四通八达	四平八稳
五彩缤纷	五光十色	五湖四海	五花八门	五颜六色

（2）动物成语

鼠目寸光	鼠肚鸡肠	鼠窃狗盗	投鼠忌器	抱头鼠窜
牛鬼蛇神	牛刀小试	牛鼎烹鸡	汗牛充栋	对牛弹琴
虎视眈眈	虎口余生	虎头虎脑	虎背熊腰	虎头蛇尾
兔死狐悲	兔死狗烹	狡兔三窟	鸟尽弓藏	守株待兔
龙腾虎跃	龙飞凤舞	龙马精神	龙凤呈祥	画龙点睛

（3）植物成语

开花结果	斩草除根	顺藤摸瓜	披荆斩棘	奇花异果
粗枝大叶	春兰秋菊	火树银花	叶落归根	节外生枝
李代桃僵	树大根深	瓜熟蒂落	根深蒂固	柳暗花明
火中取栗	目光如豆	沧海一粟	胸有成竹	春暖花开
五谷不分	花容月貌	叶落知秋	树大招风	藕断丝连

行动起来

你在复习的时候会发现很多知识点过于繁琐和零碎，这时候可能想到运用分类记忆法，因为注注知识点越多的时候用分类记忆就越有利，就更容易找到共同的特征。你要学着寻找知识的共同点，因为这是分类的基础。类别明确之后，你会发现原来你要掌握的就是某类相同的特征，自然就能轻松记住它们。

4.10　自测记忆法 ☆

自测记忆法是通过自己检测来增强记忆的方法。很小的时候我们就似乎在做这样的练习——听写。学习中对于一些重要的知识我们总会采用听写的方式来记忆，这是一种常见的自测记忆法。

具体来说，自测记忆法有如下三种。

1. 定期测验

从时间上可分为当日测、周日测两种。

（1）当日测：晚上睡觉前，将当天所学的知识择其要点复述一下或默想一遍。

（2）周日测：星期天休息，可将一周来所学课程的内容变换角度来提问题，写在一张纸上测验自己，发现存在疑难或模糊之处，马上解决，绝不拖延。

从课程内容上可分为单元测、全书测两种。

（1）单元测：一个单元学完后，可问问自己这个单元学了些什么，有哪些主要内容，取得了什么收获。

（2）全书测：一本书学完后，可翻开目录，逐章回忆内容，并可挑选那些重要内容进行自测。

2. 默写自测

默写出代字符号比只看不写的记忆效果显著。这是因为默写时注意力高度集中，大脑思维积极活跃，必然使记忆的知识得到很好的巩固。

3. 设问自答

"假若我是老师，我希望学生掌握哪些问题呢？"如果经常对自己提出这样的问题，从多种角度设问自答，就会收到意想不到的效果。因为设问自答能使人进一步明确学习的目的，增强学习的兴趣，激发学习的热情。而这些都是增进记忆的有利因素。

其实自测的形式很多，自我回忆、与人讨论、给人讲解、运用实践等都是自测的方式，关键是看我们学习的时间安排和内容的需要。

自测记忆的时候还要注意时间，有的学生在自测中不考虑时间，根据自己测试的情况随意安排，这是不合理的自测方式，也不利于记忆。最好的自测方式就是给自己设定一个"时间压力"，一般要限制自测的时间和正式测试时间一样或者少一些（结合个人能力设置）。这种时间观念能帮助我们保持注意力高度集中，并有一种考试的紧迫感。

那么自测记忆法对我们有什么帮助呢？

首先，它可以帮助我们确切了解自己的"底数"。通过经常性的自测，我们就能知道还有哪些知识没有学好、没记住，哪些地方易混淆、有误差，就能马上核实校正，避免一错再错。

其次，它可以培养我们随机应变的能力。在考试中，考题往往会变换角度，与原来学习时大不一样。如果经常运用自测记忆法，对所学知识从多方面理解，那就能做到胸有成竹、临阵不慌，即使遇到出乎意料的问题，由于平时训练有素，也会得到很好的处理。

小试牛刀

前赤壁赋

苏轼

壬戌之秋，七月既望，苏子与客泛舟，游于赤壁之下。清风徐来，水波不兴。举酒属客，诵明月之诗，歌窈窕之章。少焉，月出于东山之上，徘徊于斗牛之间。白露横江，水光接天。纵一苇之所如，凌万顷之茫然。浩浩乎如冯虚御风，而不知其所止；飘飘乎如遗世独立，羽化而登仙。

于是饮酒乐甚，扣舷而歌之。歌曰："桂棹兮兰桨，击空明兮溯流光。渺渺兮予怀，望美人兮天一方。"客有吹洞箫者，倚歌而和之。其声呜呜然，如怨如慕，如泣如诉，余音袅袅，不绝如缕。舞幽壑之潜蛟，泣孤舟之嫠妇。

苏子愀然，正襟危坐而问客曰："何为其然也？"客曰："'月明星稀，乌鹊南飞'，此非曹孟德之诗乎？西望夏口，东望武昌，山川相缪，郁乎苍苍，此非孟德之困于周郎者乎？方其破荆州，下江陵，顺流而东也，舳舻千里，旌旗蔽空，酾酒临江，横槊赋诗，固一世之雄也，而今安在哉？况吾与子渔樵于江渚之上，侣鱼虾而友麋鹿，驾一叶之扁舟，举匏樽以相属。寄蜉蝣于天地，渺沧海之一粟。哀吾生之须臾，羡长江之无穷。挟飞仙以遨游，抱明月而长终。知不可乎骤得，托遗响于悲风。"

苏子曰："客亦知夫水与月乎？逝者如斯，而未尝往也；盈虚者如彼，而卒莫消长也。盖将自其变者而观之，则天地曾不能以一瞬；自其不变者而观之，则物与我皆无尽也，而又何羡乎！且夫天地之间，物各有主，苟非吾之所有，虽一毫而莫取。惟江上之清风，与山间之明月，耳得之而为声，目遇之而成色，取之无禁，用之不竭，是造物者之无尽藏也，而吾与子之所共适。"

客喜而笑，洗盏更酌。肴核既尽，杯盘狼籍。相与枕藉乎舟中，不知东方之既白。

在背诵《前赤壁赋》（苏轼）之后，要对其进行一次自我检测。

（1）《前赤壁赋》中描绘出秋江的爽朗与澄净，也恰好体现作者怡然自得的心境的语句是：

_____，_____。

（2）写作者引吭高歌，吟诵古代咏月的诗歌的语句是：

_____，_____。

（3）写在皎洁的月光照耀下白茫茫的雾气笼罩江面，天光、水色连成一片的语句是：

_____，_____。

（4）写作者任凭一叶扁舟飘荡，在水波不兴的辽阔江面上自由来去的语句是：

_____，_____。

（5）用蛟龙、嫠妇听箫声的感受来突出箫声的悲凉与幽怨的语句是：

_____，_____。

（6）用比喻手法写生命之渺小的语句是：

_____，_____。

（7）借客人之口来感慨生命的短暂，羡慕江水的长流不息的语句是：

_____，_____。

（8）写希望与神仙相交，与明月同在的语句是：

_____，_____。

（9）写清风与明月可激情享用，无人禁止，无穷无尽的语句是：

_____，_____。

答案如下：

（1）清风徐来，水波不兴。

（2）诵明月之诗，歌窈窕之章。

（3）白露横江，水光接天。

（4）纵一苇之所如，凌万顷之茫然。

（5）舞幽壑之潜蛟，泣孤舟之嫠妇。

（6）寄蜉蝣于天地，渺沧海之一粟。

（7）哀吾生之须臾，羡长江之无穷。

（8）挟飞仙以遨游，抱明月而长终。

（9）取之无禁，用之不竭。

行动起来

很多知识你以为自己早就记住了，却在运用或者回忆的时候出现错误，所以请你在正式检测之前进行一次自我检测。自测方式有很多，你可以选择默写，选择解题，选择填空，甚至选择和人交流来加深对内容的理解。如果你在自测之后确信了自己的记忆效果，那么你是真正记住了这个知识点。

4.11 理解记忆法 ☆

理解记忆法是建立在对事物内在规律理解基础上的记忆。理解记忆法是借助积极的思维活动，在弄懂事物意义、把握事物结构层次、理解事物本质特征和内部联系的基础上进行的记忆方式。理解记忆是记忆方法中最重要的一种，理解得越透彻，记忆就越牢固。

1. 理解记忆的特征

（1）与积极的思维活动相结合。

通过分析、综合、比较、归类和系统化等思维活动，把握记忆材料的含义、范围和结构层次，掌握其本质与非本质特征以及事物间的联系，加强对事物意义的理解和整体结构的把握。在记忆各种材料时，还可以通过思维活动，从不同的角度和层次去理解材料的意义，以增加多种联系和多维度思考，使记忆材料更加深刻全面，进而纳入认知结构系统，实现长时记忆。

（2）运用已有知识经验。

利用已有知识，进行新旧知识的联系与对比，找出二者的相同与相异之处，使新材料或融入已有知识体系，或丰富、扩展已有知识体系。学习新知识时，很好地联系已有知识是理解记忆法的重要一环，个人已有知识经验越丰富，结构越清晰，越有助于理解记忆力的提高。

（3）灵活运用各种记忆策略和方法。

针对记忆材料的不同性质、数量和范围大小，及不同学习情境和个人情况，分别采取恰当的策略和方法，能加深理解、增强记忆。

（4）复述程度表明理解水平。

用自己的言语去解释或复述新知识，能增强理解，有助于记忆。

2. 理解记忆的运用步骤

（1）了解大意。

当我们记忆某个事物的时候，首先要弄清它的大致内容。拿读书来说，先要通读或者浏览一遍。如果是记忆音乐，先要完整地听一遍曲子。了解了全貌才能对局部进行深刻的理解，这就是"综合"。

（2）局部分析。

对事物有了大致了解后，就要逐步深入分析。比如对一篇论文，要弄清它的论点论据，根据结构分成若干段落，逐个找出主要意思，也就是要找出"信息点"，并加以认真分析和思考，以达到能编制文章纲要的程度。

（3）寻找关键。

韩愈在他的《进学解》中所说的"提要钩玄"。找到文章的要点、关键和难点，并弄明白，牢牢记住。只有在此基础上，才能理解和记住其比较次要或者从属的内容。正是"万山磅礴，必有主峰；龙衮九章，但挈一领"。

（4）融会贯通。

就是将所理解和记住的各种局部内容联系起来反复思考，全面理解，这样更有助于加深记忆。

（5）实践运用。

所学的东西是否真正理解了，还要看在实践中能否运用。如果应用到实际工作中就"卡壳"，那就说明并未真正理解。真正的理解是有具体标准的：一是能够用语言和文字解释，二是会实际运用。在实际运用过程中，还会继续深化理解。

小试牛刀

学习阿基米德原理："浸入液体里的物体受到向上的浮力，浮力大小等于它排开液体受到的重力。"一开始记忆了比较容易忘记，那么我们就需要通过实验操作来理解原理。

需要准备实验器材：烧杯、小桶、弹簧测力计、小石块和一根小绳。

实验步骤如图4-2所示：

图4-2　验证阿基米德原理实验

（1）在空气中用弹簧测力计测出小石块的重量，记下读数1，即为石块的重量；

（2）把挂在弹簧测力计上的石块浸入装满水的烧杯中，烧杯中溢出的水流入小桶中，当水不再溢出时记下弹簧测力计的读数2；

（3）用弹簧测力计上的读数1减去读数2，即为石块在水中受到的浮力；

（4）用弹簧测力计测出小桶内水的重量；

（5）比较石块受到的浮力与它排开水的重量有什么关系。

书本中文字的叙述往往没有实验过程更容易理解。在学习中我们要用各种有利于我们理解的方法来掌握知识，这样才能达到真正意义上的"懂了"。

行动起来

你对知识的理解程度往往会决定你记忆的深度，你有没有发现任何学科考试中的某一题型只要你明确了出题的目的，并掌握了解题的思路，无论题型怎么变化，你都能轻松地解决？这就是理解记忆带来的好处，想要拥有这样的能力，你一定要清清楚楚、明明白白地理解学科知识点，切忌不懂装懂！

4.12　笔记记忆法 ☆

笔记记忆法是指在学习中通过思考作出批注，从而加深记忆的方法。我们在学习中离不开笔记，因为很多内容我们的大脑不能马上记下来，而需要通过笔记来延缓记忆的时间。由此可见，做笔记主要是为了日后的复习。

有些同学做笔记非常盲目，不清楚哪些要记、哪些不用记，于是就在学习的时候盲目地都写了下来。虽然记的内容很多，但对于记忆起不到什么作用，笔记本最终只是被搁置一旁。

做笔记是需要对重点或者难点进行标记的过程，而且往往因人而异。做读书笔记是要形成一种大脑的强化意识，利用一些易懂的符号来巩固记忆。

1. 做笔记的好处

（1）帮助理解。

笔记是思考的产物，凡做读书笔记，必须首先要理解学习的材料，理解得越深刻，概括得越准确，笔记也就做得越简洁。经常做笔记，可以培养文字表达能力和运用符号、图表的技巧。

（2）战胜遗忘。

做笔记时需要用脑，学习材料就在大脑中接受加工整理并"安营扎寨"，而且形成自己的提取方式，因此能延缓以致战胜遗忘。做笔记时需要在读、看、背等基础上增加手写、画图等触觉记忆。做笔记可以帮助复习，而适时复习是形成长时记忆的重要方法。

（3）积累资料。

占有大量资料是做学问的基础，正如马克思所说："研究必须充分地占有材料，分析它的各种发展形式，探寻这些形式的内在联系。只有这项工作完成以后，现实的运动才能适当地叙述出来。"

（4）促进成才。

做笔记是成才的一个重要因素，是成才的推进器。笔记记忆法真正要做到运用灵活，则需要重视几个步骤，将记和学、思考和运用结合起来，真正让笔记发挥应有的作用。

2. 做笔记的方法

我们可以有很多做笔记的方法，有的同学喜欢在课本上做笔记，因为这样在复习中只需要看课本就可以，但要考虑到笔记过多和记录的空间大小；有的同学喜欢在额外的笔记本上做笔记，那就要清楚标记好是哪门学科哪个章节的笔记。

我们可以结合自己的习惯来确定做笔记的方式，只要能达到最终提高记忆的目的。

（1）笔记检测法。

利用额外的笔记本进行记录，并做好实时检测自己记忆效果的方法。这种做笔记的方法初用时，可以以一科为例进行训练。在这一科熟练的基础上，再应用于其他科目。

①记录。在听讲或阅读过程中，将笔记本的一页分为左大右小两部分，左侧为主栏，右侧为副栏，在主栏内尽量多记有意义的论据、概念等课堂内容。

②简化。下课以后，尽可能及早将这些论据、概念简明扼要地概括（简化）在回忆栏，即副栏。

③背诵。遮住主栏，只用回忆栏中的摘记提示，尽量完整地叙述

课堂上讲过的内容。

④思考。将自己的听课随感、意见、经验体会之类的内容，与讲课内容区分开，写在卡片或笔记本的某一单独部分，加上标题和索引，编制成提纲、摘要，分成类目，并随时归档。

⑤复习。每周花十分钟左右时间快速复习笔记，主要是看回忆栏，适当看主栏。

（2）符号记录法。

符号记录法就是在课本、参考书上标记各种符号，如直线、双线、黑点、圆圈、曲线、箭头、红线、蓝线、三角、方框、着重号、惊叹号、问号等，便于找出重点，或提出质疑。什么符号代表什么含义，我们可以自己掌握，但最好能形成一套比较稳定的符号系统。这种方法比较适合于自学笔记和预习笔记。

①读完后再做记号。在还没有把整个段落或有标题的部分读完而停下来思考之前，不要在课本上做记号。在阅读的时候，我们要分清作者是在讲一个新的概念，还是只用不同的词语说明同样的概念，只有读完了这一段落或部分，才能看出哪些是重复的内容。这样做可使我们不至于抓住那些一眼看上去好像很重要但实际上重复的东西。

②要非常善于选择。不要一下子在很多项目下划线或草草写上许多项目，这样会迫使我们同一时刻从几个方面来思考问题，加重了我们的记忆负担。要少做些记号，但也不要太少，使得复习时只好将整页内容通读一遍。

③用自己的话。页边空白处简短的批注应该用我们自己的话来写，这是因为自己的话代表自己的思想，以后这些话会成为这一页所述概念的有力提示。

④简洁。在一些虽简短但是有意义的短语下划线，而不要在完整的句子下面划线；页边空白处的笔记要简明扼要，才会在我们的记忆里留下更为深刻的印象。我们在背诵和复习的时候用起来才会更加得心应手。

⑤迅速。我们不可能用一整天的时间来做记号。先要阅读，再

回过头来大略地复习一遍，并迅速做下记号，然后学习这一章后面的内容。

⑥整齐。做的符号要尽量整齐，而不要胡写乱画，否则会影响以后的复习和应用。当以后复习的时候，整齐的记号会鼓励我们不断学习，并可以节省时间，因为整齐的记号便于我们迅速回忆当初学习的情景，能使我们方便而清楚地领悟书中的思想。

（3）笔记整理法。

由于种种原因，我们在课堂上做的笔记往往比较杂乱，课后复习不太好用。为了巩固学习成果，积累复习资料，我们需要对笔记进一步整理，使之成为比较系统、条理的参考资料。对课堂笔记进行整理、加工的方法有：

①忆。课后抓紧时间，趁热打铁，对照书本、笔记，及时回忆有关信息。这是我们整理笔记的重要前提。

②补。课堂上所做的笔记是跟着教师讲课速度进行的，而讲课速度要比记录速度快一些，所以我们的笔记会出现缺漏、跳跃、省略等情况。在忆的基础上，及时做修补，使笔记更完整。

③改。仔细审阅自己的课堂笔记，对错字、错句及其他不够确切的地方进行修改。

④编。用统一的序号对笔记内容进行提纲式的、逻辑性的排列，梳理好笔记的先后顺序。

⑤分。以文字（最好用彩笔）或符号、代号等划分笔记内容的类别。例如：哪些是字词类，哪些是作家与作品类，哪些作品（或课文）是分析类，哪些是问题质疑、探索类，哪些是课后练习题解答，等等。

⑥舍。省略无关紧要的笔记内容，使笔记简明扼要。

⑦记。分类抄录经过整理的笔记。同类的知识摘抄在同一个本子上或一个本子的同一部分，也可以用卡片分类抄录。这样，日后复习、使用就方便多了，按需提取，纲目清晰，快捷好用，便于记忆。

小试牛刀

在高考复习阶段笔记记忆法发挥着重要的作用，对于每门学科我们都要进行笔记整理，有一份具有分类总结提炼性质的笔记。如图4-3所示，是某学生高考历史复习笔记的一小部分，里面清楚地记录了知识重点，并利用不同颜色的笔（图中深浅颜色表示）标注了一些命题点以及容易出错的概念。

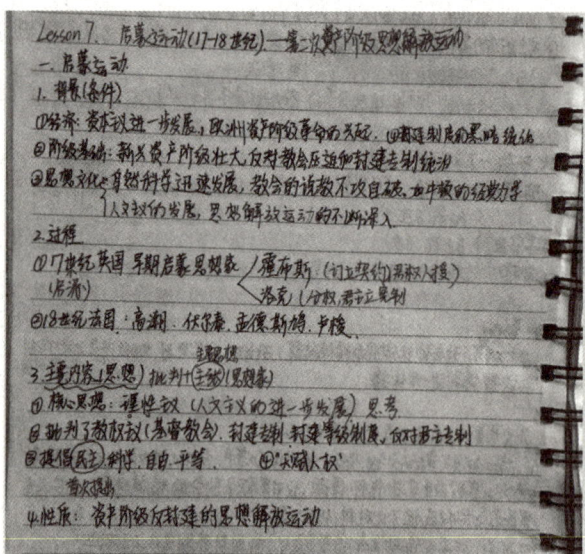

图4-3　某学生复习笔记

行动起来

此刻的你应该拿出你的笔记本，想想你是否充分利用了这些笔记，看看你是否有一个好的笔记方法和习惯，然后重新规划自己做笔记的时间和方式，让自己做的每一次笔记都能在日后的学习和复习中发挥重要作用，成为你学习的"伴侣"！

4.13　形象记忆法 ☆

　　形象记忆法是指以感性材料，包括事物的形状、体积、质地、颜色、声音、气味等具体形象为内容的识记、保持和重现，提高记忆效率。形象感知是记忆的根本，它带有显著的直观性和鲜明性。

　　形象记忆是由感知到思维必不可少的中间环节，它是人脑中最能够在深层次起作用的、最积极的，也是最有潜力可挖的一种记忆力。形象记忆是目前最合乎人类右脑运作模式的记忆法，它可以让人瞬间记忆上千个电话号码，而且可达一个星期之久而不会忘记。

　　当我们利用语言作为思维的材料和物质外壳时，会不断促进意义记忆和抽象思维的发展，促进了左脑功能的迅速发展。但是这种发展又推动人的思维从低级到高级不断进步、完善，并在充分发挥无比神奇作用的过程中，却会犯一个本不应犯的错误——逐渐忽视了形象记忆和形象思维的重要作用。

　　形象记忆法一般要求把一切需要记忆的材料形象化，使记忆者通过接触具体而形象的事物，将需要记忆的材料和直观形象结合起来，从而将抽象、概括的知识转化为看得见、摸得着、听得到以及想得起来的事物，这样就会有强烈的视觉、感觉、听觉效应，达到快速记住的目的。

　　学习中常用的方法就是直观形象记忆，我们可以通过接触具体形象的事物将记忆材料和直观形象结合起来，使抽象的知识转化成直观的物象，从而使记忆更加容易而且牢固。灵活运用以下的三种直观形象记忆方式，就能做到兼顾运用，取长补短，更有效地发挥记忆功能。

1. 实物形象记忆法

　　在学习生物课程的时候，老师会给我们看一些实物，或者带我们去外面接触动植物、采集相关的标本，这样会加深我们对各种动植物的认识。

2. 模型形象记忆法

我们需要利用模型、图像、图表、幻灯片、影视等视听材料来帮助自己记忆，也就是需要把学习的知识模拟化和想象化。

3. 语言形象记忆法

我们需要依靠想象来调动和利用自己已有的感知材料，将需要记忆的内容用形象化的语言来阐述，也就是所谓的深入浅出，记忆起来就会快很多。

形象记忆体系很重要，如果能及时抓住实践机会，就能改善记忆力。要让我们的大脑自动形成形象记忆，避免记忆力衰退。

小试牛刀

短时间内记住一首七言绝句，共二十八个字。

绝句

杜甫

两个黄鹂鸣翠柳，

一行白鹭上青天。

窗含西岭千秋雪，

门泊东吴万里船。

在记忆的时候如何利用形象记忆呢？这是一首描绘诗人看到的春日景色的诗。诗中出现了许多看到的事物：黄鹂、翠柳、白鹭、青天、西岭、千秋雪、万里船，既有丰富的色彩，又有生动的形象。

在背诵时，我们的脑海中要像放电影一样出现这幅画，由黄鹂—翠柳—白鹭—青天—西岭—千秋雪—万里船，很自然地回忆起诗歌内容，也就脱口成诗了。形象记忆法就是在大脑中清楚地描绘出事物，这种形象越鲜明，学过的东西就越能被长时间记住，印象就越深刻，再现就越容易。

古诗中有许多写景的诗，这些诗的内容往往就是一幅画，即人们常说的"诗中有画，画中有诗"。

行动起来

你在学习的时候有没有注意具体形象的积累呢？此刻你要给自己设置一些记忆任务，然后对应你可以想到的形象，看看有没有形成一个可以记忆的体系。慢慢地训练自然就能顺利掌握形象记忆法了。

第5章

特殊记忆，出奇制胜

　　在记忆方面存在一些针对性较强、特殊又有效的方法，我们学习过程中可以掌握这些方法，让自己在学习中出奇制胜。我们的大脑可以通过各种信息的刺激达到好的记忆效果，从而提高学习效率，为学习创造一个好的条件。

5.1 宫殿记忆法 ☆

宫殿记忆法是中世纪一个传教士发明的一种快速记忆方法，它能长久地存储知识。也就是说，当需要记忆的东西太多时，可以把大脑想象成一个有很多间房子的宫殿，每个房间里有很多格子，然后把需要记忆的东西都放在里面，同时通过生动的联想来加深记忆效果。

通过记忆宫殿成功提高记忆的案例不在少数，但是我们不需要达到巅峰状态，只是借用记忆宫殿来学习课程、准备考试以及其他一些事情。这种方法对于我们来说是非常有帮助的，能唤起我们的回忆。

宫殿记忆法的基础是这样一个事实：我们非常善于记住我们所知的场所。"记忆宫殿"是一个暗喻，象征任何我们熟悉的、能够轻易想起来的地方。它可以是你的家，也可以是你每天上班的路线，这些熟悉的地方将成为你存储和调取任何信息的指南。

想要掌握和运用宫殿记忆法需要遵循五个步骤，并能在每一步中抓住重点和清楚需要注意的地方。

1. 选择你的宫殿

首先和首要的是，我们需要选择一个非常熟悉的地方。宫殿记忆法的有效性取决于在脑海中轻易地再现这个地方并在其中漫步的能力。我们必须仅仅用精神的"眼睛"就能身临其境，一个较好的初步选择可以是家。请记住，对这个地方的细节再现越鲜明，就能越有效地记忆。

其次，试着在这个设定的宫殿里确定一条特别的路线，而不只是再现静止的场景。也就是说，想象对"家"做一次详尽的巡视，而不只是简单地把家图像化。

对记忆宫殿的选择，这里还有一些行之有效的推荐。

（1）我们所在城市熟悉的道路。

（2）现在或者以前的学校，可以想象从教室到图书馆的道路（或者是去街对面的商店，如果那能让你铭记于心的话）。

（3）风景。想象在附近一带散步或者在公园里慢跑的路线。

2. 列出明显的特征物

我们需要注意选取"宫殿"里明显的特征物，比如家中的大门就是第一个会印入脑海的特征物。继续在记忆宫殿里做虚拟漫步，进门之后，第一个房间里有什么？ 系统地分解这个房间（可以确定一个标准程序，比如总是从左看到右）。下一个引起注意的特征物是什么？是餐厅中间的桌子，或者是墙上的一幅画。

一边走一边继续在大脑中记录其他的特征物。它们中的任何一个都将成为一个"记忆槽"，用来存储一个特定的信息。

3. 把宫殿牢牢印在脑中

要让这个方法有效，最重要的就是要让这个地方或者路线百分之百地印在我们的大脑中，尽其所能去记住它。如果我们在学习中擅长形象思维，这种基于想象和设定的记忆模式应该不难。如果不擅长，这里有一些能帮上忙的小窍门。

（1）按照路线亲身走上一遍，当看见那些明显的特征物时，大声地重复。

（2）在纸上写下选择的特征物，在大脑中不断地重放它们，并大声重复。

（3）总是从同样的视角观看那些特征物。

（4）要明白形象思维是一种技能。如果仍然感到困难，可能需要先提高自己的形象思维能力。

（5）当我们相信已经成功了，再反复几次。对记忆宫殿来说，反复"重走"路线是非常重要的。

（6）只要我们自信已将路线深深印在大脑中，就算准备好了。我们拥有属于自己的记忆宫殿，将可以反复用于记住任何我们所要记住的东西。

4. 联系

现在我们成了自己宫殿的主人，可以好好利用它了。就像大部分的记忆增强方式一样，宫殿记忆法主要是通过形象化的联想。过程很简单：选择一个已知的图像——称为记忆挂钩——和想记住的要素结合起来。对我们来说，一个记忆挂钩就是我们记忆宫殿里的一个明显特征物。

挂钩的建立可以是疯狂的、滑稽的、讨厌的、不同寻常的、超凡脱俗的、生动的、荒谬的……总之，就是那些容易被记住的东西。场景可以营造得独一无二，但在真实生活中永远不会发生。唯一的规则：乏味就是错。

虽然这个技巧能记住大量信息，先让我们从简单的开始：用"家"这个记忆宫殿来记购物清单。假设清单上的第一项是"腌肉"。

让思维走进设定的记忆宫殿。看见的第一个特征物是家的大门。现在用一种滑稽的方法，把"腌肉"和大门的样子形象化地结合起来。比如想象巨大的腌肉条像僵尸一样从门下涌出来伸向我们的腿，这样去感受"腌肉手"在腿上的触感。去感受那该死的腌肉味，这够让人印象深刻吧？

现在打开门，沿着已经确定的那条路线继续走。把看到的下一个特征物和要记忆的下一项联系起来。比如下一项是"蛋"，而第二个特征物是"挂在墙上的照片"，以此建立联系……程序都是一样的，只要保持头脑中的画面联想，直到搞定所有要记的项目。

5. 参观你的宫殿

到这一个步骤，我们已经对于前面提到的知识点有了记忆。作为一个新手，记忆的内容也是需要有复习计划的，所以要定时把整个行程在头脑中演练一遍。

如果我们从同样的地方开始并沿着同样的路线，每当看到途中选定的特征物时，要记的东西就会瞬间浮现。路线从出发到结束，注意那些特征物，并且在大脑中重演场景。当我们的行程结束后，转过身从反方向走回你的出发点。最后就完全是增强形象思维能力的问题了。

对于这种记忆方法，我们越放松就越容易记住，就能记得越好。宫殿记忆法（和其他的挂钩方法）的优点在于它不但非常有效，而且学起来、用起来都很有趣。只需要一点经验，我们用记忆宫殿记住的目录就会鲜活地存在于大脑中很多天、很多周甚至更加长久。

要知道，我们想要多少宫殿就能创造多少个，或简单，或精致，都能达到记忆的目的。它们每一个都是一家"记忆银行"，随时准备好帮我们记住任何事。

行动起来

此刻的你应该按照宫殿记忆法的步骤为自己建立一座熟悉的"宫殿"，在内部搭建熟悉的房间，然后根据自己习惯的行走路线，将需要记忆的内容有序地存入。这时候不要设计过于平淡的联系，大胆创新，发挥想象力，让自己印象深刻才是重点哦！

5.2 歌诀记忆法 ☆

歌诀记忆法是一种科学的记忆方法，它是利用谐音汉字，把识记材料编成"顺口溜"或合辙押韵的句子，通过歌诀形式来加以记忆的方法。

歌诀记忆法的主要特点是：趣味性强、易于诵读、方便记忆。

1. 歌诀记忆法的功能

（1）简化复杂的识记材料，缩小记忆对象的绝对数量，加大信息浓度，减轻大脑负担。

（2）增强零散、少联系或无联系的识记材料之间的联系。通过编串组合，使零散的、无规则的材料浑然一体，使本来只能用机械方法记忆的内容有了独特的关系。

2. 歌诀记忆法的应用

我们学习中很多内容是包括很多文字的，涉及经济、政治、军事、文化和科学技术等各个领域的发展和演变，往往给学生带来记忆的困难。

文科同学说历史内容太多，记起来很难，理科同学也反映化学有太多的元素及特征需要记忆。可见，在学习中很多时候是因为内容太多而使我们记忆成了大难题。心理学实验证明：有80个单词的歌谣，读8遍即可背诵；而同样数目的意义不连贯的单词，读80遍才能记住。为什么呢？因为歌谣有韵律，借助于音韵，读起来朗朗上口，易于成诵。因此，歌诀记忆法可以帮助我们解决记忆内容过多的问题。

（1）历史学科记忆。

我们将一些历史基础知识编成歌谣，就便于记忆了。比如中国古代史上嬗变交替、连续不断的朝代，常常使人感到繁乱难记。我们可以将其编成歌谣："夏商与西周，东周分两段。春秋和战国，一统秦两汉。三分魏蜀吴，二晋前后延。南北朝并立，隋唐五代传。宋元明清后，皇朝至此完。"这样就使记忆变得新颖有趣又好玩，在愉快的氛围中，我们不知不觉地记住了知识，又掌握了学习方法。

（2）地理学科记忆。

地理是很多高中生头痛的科目：信息量大、繁琐，且没有规律。

但如果用歌诀记忆法，好多问题就可迎刃而解。如利用我国省市简称编成的记忆诗："两湖两广两河山，三江云贵吉福安，双宁四台天北上，新西黑蒙青陕甘。30省市加海南，重庆列为直辖市，港澳回归大团圆。"其中，两湖指湖南、湖北；两河山指河南、河北和山东、山西；三江指江苏、江西、浙江；双宁指辽宁和宁夏。

（3）语文学科记忆。

十二种修辞方法，也可编成歌诀：三比三反偶设引，借代拟人爱夸张。其中，"三比"指比喻、对比、排比，"三反"指反问、反复、反语，"偶设引"指对偶、设问、引用。

（4）化学学科记忆。

有这样一种说法，化学是理科中的文科。意思是说，化学虽说属理科，可也如同文科一样，要背、要记的东西不少。我们一些同学就是因常见的化学元素等记不住而开始厌恶化学。其实，记忆化学元素周期表的前二十种元素时，只要按顺序五个五个地读，就很押韵，很顺口的：氢氦锂铍硼，碳氮氧氟氖。钠镁铝硅磷，硫氯氩钾钙。

（5）物理学科记忆。

在物理学习中，可利用歌谣将相近或类似的概念或规律进行比较，搞清它们的相同点、区别和联系，从而加深理解和记忆，例如对于平衡力和相互作用力两个概念作如下比较："大小等，方向反，二力均在一条线；前者同体，后者对着干"。通过这一对比，对两种本质不同的力的认识更深刻了，也就不会混淆和遗忘了。

各科学习都可以借助歌诀来记忆，自己创作的歌诀更不容易忘记。歌诀记忆法比单纯的反复识记效果好得多。模糊的地方再翻书，这样大脑始终处于积极活跃的状态，注意力集中，针对性强，记起来信心十足，最终达到记忆的目的。

3. 歌诀记忆法的应用注意

应用歌诀法，需要我们有能力来编制歌诀，但是有的同学编写歌诀比较困难。所以这里总结了三个要点，帮助我们编写歌诀。

（1）歌诀要能抓住记忆材料本身的特征，反映材料本身最主要、最基本的内容；

（2）歌诀要符合自己的记忆任务；

（3）歌诀本身要自然、简洁、容易上口，有节奏感、音乐感。

歌诀记忆法无疑对提高记忆效率有重要的作用，但它也有一定的局限性。首先，运用此法的人必须具备编写歌诀的能力，否则只好去记别人编的东西。如果歌诀编得不准确、不简练，也会失去它的意义。其次，在需要记忆的材料上又多了歌诀这一层，弄不好反而误事。

总之，抱着正确的学习态度，勤奋学习是成功的前提；掌握科学的学习方法就是运筹正确的战略技术；提高智力就是改良攻关的武器，三者是不可或缺的。倘若把我们的学习比作航船，勤奋则是轮船的马达，正确的学习方法便是轮船的方向盘与航线，让我们驾上这艘希冀之船在知识的海洋中遨游，让船儿载着我们驶向成功的未来！

行动起来

你是不是觉得歌诀记忆特别有趣呢？那就可以先搜集一些已经存在的歌诀，找到一些学科知识点记忆的技巧，然后根据你喜欢的旋律编写一首歌诀吧，相信你会有不小的惊喜。

5.3　"滚雪球"记忆法 ☆

我们小的时候大概都玩过滚雪球的游戏，先团一个很小的雪球，然后让它在雪地上不停地滚动，雪球就会越变越大，一直大到超过我们用手所能堆成的最大雪球。这正是巧妙地利用了雪球本身的连带与扩散作用，最后产生了意想不到的效果。在记忆学习中也可以利用这个原理。我们称之为"滚雪球"记忆法，即在记住了某个对象之后，以此为基础，根据对象之间固有的联系使认识向外扩展，来记忆更复杂的对象的记忆方法。这种方法可用于各门学科知识的学习。

人们对任何知识的学习都要以已有的知识为基础，都要有一个从少到多，从简单到复杂的过程。"滚雪球"记忆法，可自觉地利用这个规律，把对新知识的学习和记忆同已掌握的知识有机地联系起来，在已有知识的基础上不断前进，就如同滚雪球一样，从而大大增强学习效果。

"滚雪球"记忆法要遵循以下两个原则。

1. 组织选取核心

（1）捏紧核心。

雪球可以滚得很大，但滚动之前不是一个球而是一个捏得很紧的小雪团，这就是雪球的核心。要使雪球滚得顺利，越滚越大而不松裂，这个核心要捏得十分紧（可能捏得不匀称，并不像球）。打算滚雪球了，你必须抓两把雪花两手合起来捏呀捏呀，捏得紧之又紧，然后才能用它黏附新雪，形成小球，再放到雪地上去滚动。

核心的选择十分重要。我们记忆的内容有很多，但并不一定都适合作为基点。基点一般是具有生成能力而又必须掌握的内容，它与重点、难点常常一致。这种基础材料不宜多，这样才能使学习的负担不会过大。但基点也必须有一定的高度，有一定的挑战性，才能激发学生的潜能。

（2）分级。

分级是指把选好的教材突出重点、分散难点、循序渐进地加以组织。它要求步步为营，各步又构成一个整体。在构建的过程中，一般来说，为了增加知识会出现扩大范围的现象。因此，"雪花"即材料的选择应具备三个条件：适应性——能概括大量实例；有效性——例外少；简便性——明确、简单、清晰、运用方便。不是主要但相关的知识，读者可根据自己的兴趣和以后的知识要求，灵活地将其引申进主结构。

（3）展示。

展示作为捏紧雪球之核心的最后一步，它要满足三点要求：

①展示的内容和要求与学习阶段相适应。不同的基点有不同的学习要求。有的内容要求呈现，属于要求记忆范畴；实践是从记忆中认识规则的阶段，要求变换、延伸、扩展范畴；迁移是应用所学内容，要求复用以致自由表达，也称运用。各种要求不同，对基点的学习程度的要求也就不同。

②防止思维定势。思维定势会使思维按已熟悉的路线机械地活动，以致只注意其不偏离主题却不知其所以然。

③保证练习的质和量。数量不等于质量。要保证质量，基点内容必须围绕重点并且能新旧结合。

2. 做到点面互及

雪球是个球，它靠在雪地滚动时以接触之处黏附雪花而迅速壮大自己。由于是球体，接触之处不可能全是面，也有点；并且只有点面互及才能黏附更多的雪，也才黏得牢固。所以，运用滚雪球记忆法必须做到点面互及。点指单个知识点，面指整个结构。点面互及的技巧可分为由点及面和由面及点。

（1）由点及面。实践中常用的形式是：先理解基点及从基点扩展的知识点，再把它们作为一个整体综合把握。下面介绍两种由点及面的形式。

①比较法。以历史学习为例。土地制度在中国封建时期深刻影响着朝代的兴盛、衰落与变迁，我们可以从一个朝代的土地制度出发，与其他朝代进行纵向比较。最初的井田制到土地私有时的庄园制、屯田制、均田制、王安石的土地改革等。这样就能对中国整个封建时期的土地状况有很系统的掌握。

②扩散法。以英语学习为例。从已学材料中归纳一些"公式"，再由"公式"扩散、衍生语句。

（2）由面及点。主要介绍三种形式，也以英语为例。

①大中求小。先学习大块语言材料，再从中验证、复习小的语言材料或规则。比如，阅读理解以下文章，再从文章中全面归纳、复习动词时态和复合句的知识。

②大同小异。多次都学习、记忆一个相同的材料（大同），而每次侧重材料中之一点（小异）。这种方法用处很广。例如，学习一个词语，第一次侧重它在句中的含义，第二次侧重它的同义，第三次侧重它的变化和拼写，第四次……学习一篇课文也是如此，第一遍只认关键词和全文讲的时、地、人、事；第二遍了解主要内容；第三遍读懂复杂句子，弄清语言点；第四遍分段落，找出各段的中心句子；第五遍缩短全文；第六遍扩展全文；第七遍转述全文……

③大异小同。大的语言材料如句、段、文每次变化，而如重点内容的词语、规则每次相同，以不同的学习方式如读、听来学习。

行动起来

你会复习吗？"滚雪球"记忆法在复习阶段是最好的方法之一。如果你想复习某一范围内的知识，就可以将自己学习过程中积累的该范围内的知识点通过"滚雪球"的方式有序地编排起来，形成一个更大的知识体系。

5.4　数字编码记忆法 ☆

数字的记忆在我们生活中也占有相当大的比重，诸如：历史年代、土地面积、商品价格、科学数据、电话号码、会计数据、统计数据、股票信息以及法律条文中对不同犯罪行为所处以不等的刑期，等等。数字与人类的生活息息相关，很难想象，离开了数字，人们的生活将会变成什么样。

　　数字的作用非常大，数字编码记忆法就是利用数字编制，把记忆的内容和数字连接起来，从而加深记忆的方法。通过这种方法记忆数字不会像过去那样枯燥乏味，反而变得非常有趣。其实从字面上我们就能理解它的意思，它就是把数字"翻译"成编码，然后用联想的方式把这些编码串联起来，这就叫数字编码记忆法。

　　具体操作是，将必须记忆的事项编成固定的号码，把所要记的知识与这些号码挂上钩进行记忆。如，对自己身体的各个部分从上而下地编上号：1.头，2.额，3.右眼，4.左眼，5.鼻，6.口，7.下腭。一说2，很快就知道是额，一说3很快就知道是右眼。这些编码固定了，就可以通过联想把它与必须记忆的事项连接起来。

　　这种方法适用于临时记忆一些多位数字或数量不太大，又不需长期保持记忆的数字。它特别适合记忆历史年代，因为组成历史年代的数字比较短小，年、月、日加在一起最多不超过8位数（如1818年5月5日——马克思诞辰）。况且，有些历史年代还不用记"月、日"，只记"年"就行了，所以大部分历史年代只有4位数，用数字编码记忆法来记忆就特别适合。

　　在联想的时候，要将题目与历史年代的编程联系起来，如黄巾起义——在黄巾上用铅笔画宝石；镇南关——在镇南关敌人；巴黎公社——把梨送公社等，这样做就可避免发生"能想起历史年代，却不知道是什么事件的"情况。

　　使用数字编码记忆法的时候要重视练习，经常做训练，在纸上写上1—20的号码，让朋友说各种事物，并把它写上去。这中间用联想法来记忆。然后让他不按顺序随便报号码，说中了的，就画一条线把它勾去。

　　数字编码记忆法最早用于演说、致辞和讲课等，因为照念讲稿致辞是很难打动听众的。利用记忆法进行演说始于希腊、罗马时代，因当时没有方便的用具做笔记，才用记忆法去记。如果想成为雄辩家，数字编码记忆法就是必不可少的工具。

　　其做法是将演说的要点与数字通过谐音等方式联系起来。如，把演说第一个要点联想为11，第二个要点是22，第三个要点是33。在演说时，按数字的特点和顺序想，就能把演说要点全部记忆起来。用数字编码说话，可以随时知道现在说到整个谈话的什么地方了，可以根据时间控制各个部分的详略。

记忆演说时，不需要逐句都背下来，只要按顺序记住要点就可以。当然写出讲话稿还是必不可少的。写出较好的原稿，读上几遍，记住要点，用自己的语言来讲就行。这样用固定编码记忆要点，演讲时有把握，能很好地表达思想，不至于半路卡壳或颠三倒四。要点也不必写得过细。2小时的讲演，可能只需要20多个固定数字编码。

在听讲的时候有时必须详细地记住要点，这时使用的固定编码数为讲给别人听时的2倍左右。但是熟练之后，只要记少量的要点就够了。此法对读书也有帮助。一边读书，一边把要点一个个地记入固定编码体系。养成这种习惯之后，就能牢牢地把握书的内容。

所以，经常保持有几个从10到30多个项目的固定数字编码体系，那么记忆起来非常便利，而且同一个编码体系可以重复使用。比如说，不同记忆的主题均可以和第1号内容联想起来，同一固定编码体系就可使用多次。有人以为往固定编码体系里填进一次项目之后就不能再填进别的项目了，这是错误的。按照不同的主题，做不同的编码记忆就行了。

小试牛刀

记忆下列历史年代：

（1）秦始皇统一中国时间——（公元）前221年

（2）郑和下西洋——405年

（3）金田起义时间——1851.1.11

（4）商鞅变法——（公元）前359年

（5）朱元璋建立明朝——1368年

编码：

（1）秦始皇统一中国时间——（公元）前221年：先将"前221"

划分为：前、02、21三部分，译成编码为"前、鸭子、头"。可联想成：秦始皇统一中国时杀了很多人，但在杀前会给他们一只鸭子吃，吃完才砍头。这样把"前、鸭子、头"还原成"前221"就是秦统一中国的时间。

（2）郑和下西洋——1405年：同样将1405断在14、05两段，即"时事、秤钩"可联想为：郑和下西洋后将听到的"时事"整理成册，用"秤钩"称一下有好几斤重，即1405年。

（3）金田起义时间——1851.1.11

为了简化书写，以下的联想将不再特意列出数字的编码，而是直接转换成编码。

金田起义时，洪秀全的姨妈（18）因武艺（51）超强，被派领一队人马打头阵。（1.11可想成一队的人马，一人在前，其余在后，这样就不会与11.1混淆了）

（4）商鞅变法——（公元）前359年：商鞅变法，使农民受益，割秧用的弹簧（03）刀，五角（59）就能买下，这在以前是买不到的（前359）。

（5）朱元璋建立明朝——1368年：朱元璋本是个穷人，常把衣衫（13）搭在篱笆（68）上晾晒，当了明朝皇帝后还改不了这一习惯。

行动起来

数字是有特色的，你肯定也有自己心仪的数字代码，那么就把这些数字记录下来，然后构建一套自己的记忆数字编码，把需要记忆的内容试着和这些数字编码联系起来。让数字带动记忆材料，训练简化记忆内容的能力，快速记忆吧。

5.5 纵横交错记忆法 ☆

纵横交错记忆法是把记忆对象放在横的和纵的各种关系中进行记

忆的方法。事物的内在联系呈纵横交错的立体状。记忆时如能找出这些联系，则可加深对记忆内容的理解，并把它置入知识的网络，记入脑中。而且借助纵向、横向的联系，便于通过联想回忆出这些内容，可以产生纲举目张的记忆效果。

运用纵横交错记忆法一定要先厘清楚记忆内容之间的关系，这样才能有横、竖连接线。比如对于历史人物，既要纵向从本国发展史的朝代序列来把握，又要横向将该国与别国的人物、事件联系起来加以考察。这不但有助于加强对本国历史的记忆，而且能很容易地把同时代世界各国的历史牢牢地收进记忆。

在厘清记忆内容关系的时候要注重划线的逻辑，比如时间顺序、因果关系、主次关系等，这些都是记忆的逻辑关系。

行动起来

想要建立一个纵横交错而科学有序的记忆网络，你需要结合知识点的关系确定好那些纵横的逻辑线，形成一个清晰的脉络。你要在大脑中建立起这个网络，清晰而有逻辑。

5.6　触景生情记忆法 ☆

触景生情记忆法即利用与记忆对象有关的景物促进记忆的方法。我们置身于与记忆对象有关的景物之中，能对记忆对象产生丰富的想象和联想，并产生强烈的情绪和情感反应，从而对记忆对象留下较深刻的印象。与记忆对象有关的景物还能成为回忆记忆对象的中介和线索，使我们更好地回想起曾经记过的内容。

触景生情，可以使我们记住生活中发生故事的每一个细节，同样，它也可以帮我们记住许多东西。可能当时记得不牢，印象不深，隔些天就会忘记，可一旦我们将自己的情感融入其中，它就会深深地印在我们的脑海里，时间愈久，愈清晰。

我们在记忆的时候，很多内容都是带有情境和情感的，比如古诗词，很多都是作者思想感情的反映，正所谓"诗言志"。至于"言"何"志"，这是我们理解诗词的关键。如果我们把我们自己的感情和作者的感情相融合，就能更好地理解诗词的意境，也更容易记住这些诗词。

触景生情记忆法其实就是在脑海里设计一个个场景，一个个镜头，让抽象的文字变成你脑海中的图像，这其中蕴藏着一环扣一环的情节，让这些图像运动起来，并依着设计的情节向下发展，我们自己就像导演一样，先在脑海里将这部"剧本"拍成"影片"。记忆就会变得容易很多。

使用触景生情记忆法，一定要注意细节的想象，细节想象得越清晰，记忆效果越好，而且要综合运用你的感观。

触景生情记忆法是十分有效的，可以广泛应用到各门学科和各种记忆材料之中，关键就在于你能否展开丰富的想象，把需要记住的事物与自身联系起来。当你把自己融进其中之后，一切记忆的难题都会迎刃而解。比如，用触景生情法记忆公式能很好地训练记忆，不少人肯定会感到奇怪，记忆法跟一些固定公式的应用有什么关系呢？当然有关系，我们应该试着锻炼自己根据储备在大脑中的公式，直接用数字的形式把算式列出来，让大脑中的变量、字母都能准确地和已知数据直接对应起来，而不用左思右想地考虑哪个字母表示什么。尽量形成一种很快的条件反射。这样，你每做一道题，即使是简单地套用公式，也会加深对公式的记忆和其中每一部分的理解。

条件反射其实就是把"情"（公式）加到具体的"景"（题目）中。这不仅是记忆公式的好方法，也是提高解题速度的有效手段。而且它并不仅仅对记忆公式有效，对记忆其他资料也很有帮助。

总之，我们曾经相识的东西就像是老朋友，随手拿来即可用。要是需要记住的东西以前都曾经记下来过，那该有多好！开启记忆宝库，我们会发现自己已经记住的东西其实有很多了。

"生情"要恰当，应该说，通过融入感情，记忆变得简单和轻松许多，我们的思路也因此而开阔了许多。但是，我们不会总能产生有助于记忆的感情。记忆的情绪化方法，要根据自身感情的根基，自己去寻找它们之间的联系。如果联系不当，就不会引起情感的共鸣，达不到预期的效果。要让记忆的资料真正触及你的内心深处，切不可生搬硬套，胡乱联系。同时，它也不适合记忆太多零碎的东西，那容易形成感情上的"倦怠"，从而使内心深处真正的感情不轻易表露出来，无法达到情绪化记忆。

行动起来

触景生情，要有"景"，也要有"情"，你要学会创造这些"情景"。此刻你可以拿出一段需要记忆的材料，想象其中的一些画面，体会所要表达的情感，训练自己感情上的触发点，然后脱离材料感受一下情感引导下的记忆效果。

5.7 集中分散记忆法 ☆

在记忆时间和内容的安排上，一般有两种方式：一是集中记忆，二是分散记忆。从内容上讲，集中相当于整体，分散相当于部分；从时间上讲，集中是连续的长时记忆，分散是短时间的分段记忆。

5.7.1 集中记忆法

集中记忆，它的一个含义是将学习材料所需的时间集中使用，接连不断地反复记忆材料。通过实验科学家发现集中记忆有优越性，因为记忆一个较长的材料总是需要反复记诵一定次数的。比如，人们发现，重复7次是记忆外文单词的最佳次数。

集中记忆的另一个含义是要进行适当的过度学习。例如，要重复6遍才能全部记住30个外文单词，将这时的学习程度定为100%。如果学到100%时就立即停止，虽然当时是全部学会了，但却不巩固，很容易遗忘。这时如果继续学习下去，就叫作过度学习。一般来说，为了牢牢记住学习的内容，我们都应该过度学习。过度的程度在50%～100%之间时，学习效果最佳。

根据集中记忆的原则学习和记忆，切莫像蜻蜓点水似的浅尝辄止，一带而过，也不要一会儿干这个，一会儿干那个，而应将学习时间和学习内容相对集中，并适当地过度学习。为此，应该知道对于你所记忆的材料来说，集中学习多长时间最好。当然，要了解这一点并不容易，因为记忆不同的材料，最佳次数不同，人与人之间也有个体差异。

首先，要根据个人的实际情况，以不会过分疲劳、学习效果最佳为衡量标准，确定自己的集中记忆时间，寻找这个最佳次数。既要根据理论，又要根据个人经验来确定。

其次，为避免外界的各种纷扰会打断思路，在集中精力完成某项学习任务时，可暂时采取将自己封闭起来，隔绝与外界的交往，进行高效率的集中学习，以获得更好的学习效果。但这种方法不易用得过多，不能只张不弛，如果违反劳逸结合的规律，甚至会造成不良后果。

集中记忆法比较适合英语学习，我们可以将英语学习过程分为集中记忆识词、集中记忆语法和综合实践三个阶段。

1. 集中记忆识词

它要求我们集中时间、集中精力学习词汇，这样可以打破单元界限，变分散为集中，把书上所要学的单词集中起来。按读音规则以单元音、双元音和音节（以重读元音为主）的顺序依次排列，集中学习，短期突击；借助单词之间发音相同、词性相同、结构相同、意义相同或相反等方面的联系，强化记忆；用图像、实物、谐音串成句子，编成短文等手段来加深记忆。这样从易到难、从简到繁、由浅入深，可以较快地记住大量的词汇，并且能够灵活运用，学得轻松愉快。

集中识词是一个强化过程，它集中材料、集中时间、集中精力、集中一切手段和方法，创造一个强化的环境氛围；注重全方位调动学习者的积极性，利用反复循环法，效果非常明显。

2. 集中记忆语法

针对常规学习中语法点过于分散的问题，遵循"相对集中，反复巩固"的原则，按语法在学习内容中出现的先后顺序，采用超前集中、随机集中和综合集中三种形式学习。超前集中是把有规律的、重要的、常见的语法现象简明扼要地提前预习；随机集中是在消化吸收超前集中内容的基础上进一步揭示语法的内在规律，根据某些特殊现象进行深入剖析，系统学习语法；综合集中是有机地将已教过的语法知识进行提炼、深化，并针对疑难点重点突破，从中发现规律，提高综合应用能力。

集中语法教学是力求在实践中做到举一反三、触类旁通，既发现普遍规律，又揭示特殊规律，使语法教学由无序变为有序。集中语法学习让学生在掌握大量词汇的基础上，扫除自己的学习障碍，激发学习的主动性。集中学习语法，可以使学生尽早地对英语语法的概貌有所了解。

3. 综合实践

最后通过综合实践，英语学习必定能取得好的效果。

5.7.2 分散记忆法

分散记忆法是把较长、较复杂的学习材料分成几段加以记忆的方法，中间可以穿插休息或其他活动，以助于加强记忆。

集中记忆法具有一定的优越性，但它针对的是在一段较短时间内或记忆容量不大的材料。如果学习时间较长，或要记忆的材料容量较大，就应采取分散记忆法。例如，连续学习4小时，不如每学50分钟后休息10分钟，或者把这4小时分开来，每天学习1小时。

1. 分散记忆法的好处

记忆比较长的材料，或者记忆材料的难度比较大的时候，分散记忆的效果比集中记忆的效果好。采用分散记忆法，不仅记忆的速度快，而且出现的错误也少。

（1）在分散学习中，利用中间的休息时间可对刚学的内容进行巩固，从而增强记忆效果，同时也可避免因学习时间过长而造成兴趣降低和注意力减弱。

（2）分散学习还可以避免前后学习材料的互相干扰。在分散识记时，人的大脑神经细胞可以得到适当的休息；反之，老是重复记忆同一材料，单调刺激容易引起大脑皮层的保护性抑制。

高效运用分散记忆时要注意时间间隔，就是当天新课当天复习效果较佳，然后每周、一个月、两个月、一学期系统复习一次，就能牢固掌握。尤其是难度大的学习材料，更适合于分散复习。

2. 分散记忆法的使用注意

要更好地发挥分散记忆的好处，应注意以下三点。

（1）分散复习要有一定的前提。时间有限，不能将时间分得太多；间隔太长，最好将分散与集中结合起来。

（2）时间不可过于分散，注意贯彻及时复习的原则。各次学习之间的间隔不能太短，这样会产生相互影响；但也不应过长，如果下次学习时，已把上次的材料全部忘记，就说明间隔时间过长，应该适当调整。

（3）一般来讲，对于纯记忆性材料采用分散法效果较好，学习能力稍差的同学采用此法较为适宜。对于一些内容繁多但必须直接记忆的知识，可以采取各个突破、分散记忆的方法，以提高我们的兴趣和信心，增强记忆效果。将比较复杂难以记忆的基础知识分解为几个层次，按由点到面、由主到次的顺序记忆，然后把每个层次的要点再分别联结起来。这样，再复杂再难的问题也都容易记忆了。

5.7.3 集中分散相结合

集中记忆法与分散记忆法的优劣与所记忆材料的长度、难度有关。系统性较强的材料，如论述题，适于集中记忆；而记忆性较强又比较零散的内容则适于分散记忆，如英文单词、人名地名、时间年代等。另外也可以将"分散—集中"与"分段—整体"交叉组合，采用"时间集中—内容分段"或"时间分散—内容整体"的匹配方式。

此外还有分段与整体相结合的记忆方法，称为"渐进分段记忆法"，在分段的同时进行区域集中，几小段合成一大段。这种方法既便于分段记忆，各个击破，又利于加强各段材料间的联系，融会贯通。同时它既适合于集中学习，也适合于分散学习。不论哪类知识，都是应该学时一大片，用时一条线。

在总复习时，除了对知识进行网络化归纳（整体）外，还有必要从不同角度（部分）对某些知识进行归纳。特别是一些有某种联系而又分散于各处的知识，若用二者相结合的办法进行整理，对增强学习效果是大有帮助的。

总之，集中记忆和分散记忆是相对的，不能笼统地说两种方法哪种优、哪种劣。应该根据学习时间的长短，记忆材料的容量、性质、特点、难度以及个人的具体情况，选择适合于个人的记忆方法。按时间选择分散还是集中，达到最佳记忆效果。

在记忆方法的运用中，要根据学习目标有计划地安排学习时间。也就是对时间进行目标管理，严格地计划，合理地运筹。一天的时间要学习什么，什么时间用来学习都要有计划，优先考虑在精力最充沛、最旺盛，智力活动最佳，注意力最集中的那段时间里，安排最重要的学习内容或者比较难的学习内容。人的智力活动最佳期是因人而异的，有的人在早晨，有的人在下午，而有的人却在晚上。学习时，要把最重要、最关键的识记材料安排在每天最佳用脑时间里进行，而且这时要采用集中记忆法进行学习，就能保证高速度、高效率、高质量的学习，比较容易、轻松地达到清楚完整的记忆效果。

在人的精力已经消耗很多之后，精力变差，从心理上会产生停止工作的念头，如果把自己比较感兴趣的、比较零散的学习内容放在精力较差的时间段去完成，这样有趣的学习内容又会激发起你学习的热情。这时正好可以很好地利用分散记忆法来保证学习效果。

所以，每个学习者一定要摸清自己学习的时间规律，以便科学地规划时间。科学规划时间，既可做到不慌不乱，井井有条，保持学习的稳定性，又能养成良好习惯，保证记忆效果逐步提升。

行动起来

此刻的你要好好分析一下你学习的内容，然后给自己确定一个时间长度，不仅有记忆的长度，还有记忆的间隔，可以找一份较短的材料来训练，这样你就能知道自己对集中记忆和分散记忆的协调和分配了。

5.8 互动交际记忆法

互动交际记忆法是一种通过记忆碰撞、思想交流来加深印象和理解的记忆方法。在提高记忆力的方法中，交际起着不可低估的作用。在交谈的过程中根据交流深度可以分成几种方法。具体来说，交际记忆法可以分为交谈记忆法、争论记忆法和以教促学记忆法。

5.8.1 交谈记忆法

交谈记忆法是指在和他人的交谈中，把自己尚未扎根的记忆或没有自信的记忆经过证实、修改、补充变成确实的记忆的方法。

人们在相互交谈时，既要倾听对方的看法，又要有针对性地发表自己的见解，往往能促使自己注意力集中，大脑处于积极思考的状态，避免了单独学习时常易发生的心不在焉、精神松懈、只看不想的情况；而且有意识地与别人交谈学习的内容，能对学习内容产生较深刻的印象，形成较全面、准确的记忆。另外，几个人在一起交流切磋、讨论问题，往往会茅塞顿开，触发灵感，互相取长补短，相得益彰。

与君一席话，胜读十年书。我们在与人交谈时不仅可以学到许多新鲜的知识，而且可以获得很好的记忆。培根说过："谈话使人敏捷。"谈话时一般精力集中，会对所谈的内容高度注意，这是加强记忆的良好的心理基础。谈话中有问有答，有自己说有对方说，可以相互证实、修正、补充，这样，就使自己原有正确的记忆得到加深、原有不正确的记忆得到纠正、原有的不完善的记忆得到补充，因而是很好的记忆方法。

交谈记忆法可广泛用于各门学科的学习和各种材料的记忆。在运用交谈记忆法时，参加交谈者必须有明确、一致的议题，交谈、讨论应紧紧围绕着已确定的议题进行，交谈方应各抒己见，坦诚地表明自己的看法，这样才能使交谈顺利进行，达到以交谈促进记忆的目的。

交谈时应该有个大致的主题，表达要明确。提高语言影响力，发音吐字要清晰。交谈时要避免：粗鄙地大声咒骂，开种族的玩笑和恶意中伤；自以为是，故意抬高自己的身价；陈词滥调的口头禅；重复一些无意义的修饰语词。相反，应做到：不要一直谈论自己，也要问些别人的事；眼睛要注视别人，不随意乱看；如果有另一人加入谈话，简要地告诉他话题内容，鼓励他一起讨论；在会议室或晚宴上，问你邻座一些问题以打破沉默，并试着让大家说出看法而成为会话主题。这是关于"谈"的学问。

与谈相辅相成的是"听"，这也大有学问。要理解说话人的立场，重点掌握说话人话语中的实质内容。要尊重对方的意见，并加以确认，然后再提出自己的看法；在对方说话过程中，不要贸然下结论或拦腰打断对方的讲话；对于难懂的地方提出疑问，请对方复述一遍，以免引起误会；用眼睛观察对方心理的微妙变化，猜度他（她）说话的意图。如果你真想在同人交流中获取知识和信息，还得发挥记忆功能，让这些有用的东西在你大脑中多转两个回合，使短时记忆转化为长时记忆。如果听后就置之脑后，或者当面谈得火热，过后不再思考，那么记忆效率就很低了。这是关于"听"的学问。

　　和同学在一起散步或闲聊时，可以把学习中的疑难问题作为交谈的话题，你一言，我一语，或许就能把疑难问题解决了。这种活动，不但能鼓励大家主动去探索问题、解决问题，培养浓厚的学习兴趣，还能提高口头表达能力，增进同学之间的友谊。通过交谈，自己尚未扎根的记忆和没有自信的记忆变成确定实在的记忆，牢牢地印在脑海中。

　　有经验的同学在复习时，常常采用交谈记忆法，甲提出问题，乙谈谈自己的答案；乙提出一个问题，甲说说自己的答案，互相切磋，收到很好的记忆效果。采用此法，还能发现自己的主观片面性，弥补学习中的不足。

5.8.2　争论记忆法

　　争论记忆法是通过与别人就学习材料进行争论探讨以强化记忆的方法。这种方法多用于记忆较难的材料。争论记忆法符合人脑活动的规律，争论时双方处于高度紧张的状态，能够全神贯注地听取对方的意见，积极思考，评判对方，阐述己见，因而对学习材料有深刻的理解，能从不同角度分析并建立联系，使这些内容在大脑中留下极深刻的印象，并且便于回忆联想。

1. 争论记忆法的积极作用

　　人们在学习和理解知识的过程中，常会对一些问题产生不同的观点和看法。为了弄清孰是孰非，常常会发生争论。有人认为，记不清找一下书不就得了吗？争来争去多耽误时间！其实，有意识地针对这些问题展开争论、辩论，对学习、记忆有关内容有积极的促进作用。

（1）争论是不同思想交锋的过程。在争辩的时候，争论双方都处于高度紧张状态，一方面全神贯注地听取对方的意见，分析其中的正误；另一方面积极思考，评论对方的见解，阐述自己的观点。通过争辩明辨是非，认清真伪。这种方法可以加深知识的理解，巩固记忆印象。

（2）争论可以帮助我们检查记忆的准确性。通过争论，错误容易暴露出来，得以纠正，从而形成正确知识的记忆。而且通过争论正确的知识也得到了检验和应用，并得到巩固和强化。

（3）争论可以使争论双方开阔视野，拓宽思路，互相受到启发。

（4）争论可以通过"胜败"强烈刺激加深印象。在争论中，由于注意力高度集中，无论是听到一个新观点，还是发现一个新论据，无论是自己被驳得体无完肤，还是被对方佩服得五体投地，都是一种强刺激，都能留下深刻的印象。

2. 争论记忆法的使用注意

不过，运用争论记忆法应该注意以下五点。

（1）动机要正确。进行争论的目的是辨明知识的准确性，从而加深理解和记忆，而不是为了争高低、出风头，更不能逞强好胜，中伤对方。

（2）态度要端正。进行争论要保持善意的、平等的态度，不应钻牛角尖。

（3）方法要对头。争论中切忌跑题，如果离题太远，就很难得出正确的结论。争论中要坚持独立思考，不能人云亦云，不懂装懂。在论证自己的观点和驳斥对方的观点时，应遵守有关的逻辑规律，采取正确、有效的论证方法和反驳方法。

（4）要适可而止，注意场合。过分的争论会失去意义，要留给大家一个想象与回味的空间。

（5）争论之后要从思想上接受正确的观点，不要轻易被对方同化。既要允许对方有错误见解，也要承认自己的不当之处。对别人的谬误要善意指正，对自己的错误要勇于改过，绝不能固执己见。

很多人都是从争论中获得裨益的，比如爱因斯坦本来不会"黎曼几何"，正是通过与好友的学习讨论争辩，懂得并掌握了这门知识，从而为他后来发现相对论打下了基础。

5.8.3 以教促学记忆法

以教促学记忆法是通过把刚学到的知识教给别人，以促进、巩固记忆的方法。以教促学记忆法能使自己对知识的记忆更清晰、完整和准确。

我们可以假设自己是一位老师，并且准备了教学计划和教学笔记，向想象中的学生们讲完课程后，还要向学生们提出问题，然后再由我们自己扮演学生来回答问题，并且对每个回答都要打出分数。

和其他学习法比较，这种教学相长记忆法有着许多明显的优势。

（1）教会别人的意图和欲望会给自己造成一定的心理压力，使自己产生学习和记忆知识的迫切感，从而对自己的学习、记忆有促进作用。要当先生，先做学生。知识，只有当它靠积极的思考得来而不是凭记忆得来的时候，才是真正的知识。而准备讲的过程正是运用这种积极思维的过程。要教给别人某种知识，自己必须首先掌握这种知识。要讲给别人听，必须用自己的语言来表达，而不仅仅局限于鹦鹉学舌似的背诵。

（2）教别人的时候，同时也整理了自己的知识系统，加深了对所学知识的理解程度。把别人对你的求教看成对自己的促进，为了讲得明白，你必须强迫自己去弄懂那些似是而非的问题，可能会从中受到新的启发。我们不但要知其然，而且要知其所以然，不但要全面地、熟练地掌握知识，而且要能熟练地应用，用自己的话表达出来。

从某种程度上讲，这是一种再创造，而自己创造出的东西是不易忘记的。已经记住的知识，不巩固就会逐渐生疏、忘记，教别人就相当于在无形中进一步消化和理解所记的知识，在客观上促使自己增强了对知识的记忆，收到了一举两得的良好效果。

因此，利用教别人来促进、巩固自己的记忆，是一种行之有效、助人为乐、一举两得的好方法。

行动起来

你可以找一个和你"志同道合"的学习伙伴，最好在学习上是同进度同水平的，然后定期约时间进行知识的交流。你也可以帮助身边有问题的同学解决问题，这样能很好地促进记忆和学习，不仅助人为乐，而且深化了自己的记忆。

5.9　闭眼睡觉记忆法 ☆

闭眼睡觉记忆法是指闭上眼睛，隔断外界的视觉刺激，根据已有表象来回忆或巩固记忆。当我们闭上眼睛，就像关闭了一扇接受外界信息的大门，所以大脑中主要针对已经输入的信息进行重复。

如果遇到了一些难以回忆的知识点时，我们自然而然会"闭上眼睛想一想"，很多时候我们会回忆起学习这个知识点时的场景，或者联想到相关的知识，以此回忆起所需的信息。可见，闭上眼睛并不只是在形式上让我们静下来，而是能让我们的精神和注意力高度集中，直接找到我们所需的内容。

记忆新材料时闭上眼睛，在黑暗中创设一个画面与所记内容联系起来，我们会因精力集中和自己的独特联想把记忆对象深深印在脑海里。而且，这样的记忆一旦回想时，一闭上眼睛就能把内容及创设的画面一同浮现在眼前。

闭上眼睛我们回忆的不仅仅是文字，更多的是画面，这就是又一次记忆的过程，而且会加深印象。

除了暂时闭上眼睛进行记忆和巩固之外，睡觉也是一种记忆的方法。在学习记忆之后不再输入信息直接进入睡眠状态，能加强记忆。很多同学在睡前的记忆效率非常高，一般第二天早上起来第一时间出现在大脑中的信息就是前一天晚上记忆过的内容。

从生物学上来分析，学后马上睡眠，记忆仅仅受到学习之前接受的信息干扰（前摄抑制），而没有受到后来学到的知识干扰（倒摄抑制），因而记忆效果较好。德国心理学家做过实验，发现被试者在学习后不做任何事情，能回忆所学材料的56%；学习后继续做别的事，则只能记住26%。

有的科学家认为，人们在学习后很快就睡眠能促进记忆，因为睡眠分几个不同阶段，前4小时的深度无梦睡眠会增强人的记忆力，后4小时的有梦睡眠会抑制人的记忆力。还有人认为，在睡4小时后再把他叫醒学习，这时的学习记忆效果更好。

行动起来

你是不是要为自己的休息和学习安排好时间呢？在休息的时候可以回顾刚刚学完的知识，比如课间或者午休的时候，尤其是在睡前，你在晚上睡觉前可以学习50个英文单词，或者背一些好词好句等，相信会有不一样的效果。

5.10　关键点记忆法 ☆

抓重难点记忆法就是把日常需要记忆的重点、难点、特征和易错点进行特别记忆的方法。

记忆时有意识地对这些知识点制造强烈的印象，以加深记忆。强烈印象就是通过感受强烈信息或放大较微弱的信息来加深印象，从而把注意力集中在这些记忆的内容上，并重点理解、记忆这些内容，获得清晰、持久的记忆效果。

5.10.1　重点记忆法

重点记忆法是抓住重点围绕中心进行记忆的方法。

在我们学习的过程中很容易找到重点内容，不仅是因为平时老师上课时会帮助我们划重点，在很多的参考书中基本也会强调一些重点内容，甚至在教材上也能很明显地看到每一次课程的重点。

记忆和学习的时候选择重点的知识进行击破，必然能获得一个很好的记忆效果。要增强记忆力，必须抓住记忆的重点。我们需要学习的内容非常多，如果要把所有出现在教材中的内容都记下来，这是不现实的。爱因斯坦说过，"抓住那些能导致深邃的东西，而把其他可有可无的东西撇开不管"。

抓住重点是学习记忆必须掌握的"秘诀"。抓住重点才能减轻大脑负荷，克服生理上超限性抑制现象；可以集中时间和精力，含英咀华，探测精蕴，消化吸收，因而记忆效率更高，效果更好。

采取这种记忆法，需要明确记忆的目标，处理好专与博的关系，还需要学会灵活运用。

5.10.2　难点记忆法

难点记忆法是将所要记忆的内容划分为不同的难度等级并作出标记，合理分配精力去记忆的方法。

任何事物都是有选择才有集中，有集中才有突出，有突出才有注意。记忆许多内容要区别难易的不同等级，对难的要多用些精力，对容易的要少花些功夫，复习时就能够抓住重点，这样就可以取得良好的记忆效果。

难度等级的标记，可以采用不同的颜色区分，使之一目了然。有一种非常有效的方法，根据交通规则中红绿灯的使用，用红色表示危险，标记最重要的、易错难记的部分；用黄色表示注意，表示模糊不清、记忆不清的部分；用绿色表示安全，标记容易记的部分。用这三种颜色在书上标出记忆的内容和难易等级，既可以用颜色激发读书的兴趣，又可以对要记忆的内容作出合理的精力分配，顺利地达到记忆知识的目的。

5.10.3　特征记忆法

特征记忆法是通过观察、发掘记忆对象的突出特征，凭借那些一目了然、令人难忘的特征达到准确清晰记忆的方法。

除了重点和难点外，一些学科中还有的知识点有自己的特点，所以我们要先好好观察知识，找到其中的一些规律特点，以利于记忆。

所要记忆的实际内容就是对象的特征。那些相类似的事物容易混淆，难于记忆，原因在于没有充分发掘出各自的特征。只要仔细观察，细致对比，深刻分析不同情况下的异同，总能找出所要记忆材料或事物的特征，达到准确记忆的目的。这类方法可以广泛应用于记忆一切对象，特别适于记忆同类对象中的特殊者。

5.10.4　改错记忆法

改错记忆法是从自己或别人的错误中吸取教训，在改正错误的过程中做到对知识准确记忆的方法。

"发明大王"爱迪生说："失败也是我所需要的，它和成功一样对我有价值。"错误给人以深刻的教训，通过改错建立正确的认识和记忆，从改错中学所记忆的准确知识，就等于向错误索回了补偿。错误的教训能引起人的重视，改正错误能使正确的知识在大脑中留下深刻的印象。

改错记忆法要求经过认真的分析和思考，深挖致错的根源，这样才能加深对正确知识的理解和记忆。改错应认真及时，既可改自己之错，又可改他人之错，做到"错一遍，精一遍"。

如果我们拿到批改过的卷子或作业，见分高一笑了之，见分低一扔完事，对差错采取不负责的态度，很可能一错再错。如果运用改错记忆法找到自己错误的原因，改变错误的记忆，汲取错误的教训，在自己的记忆中警觉起来，避免再错，那么就能正确掌握知识，大大加深记忆。

如果我们对改错很认真，每次试卷、作业发下来，都记下错误之处，汇编成一本本的错题集。在错误后面加上对错误的更正及提醒自己今后注意的话。这样做使自己不再犯同样的错误，曾经错过的知识也会记得非常牢固。

行动起来

你要准备好笔记本，把知识中的重点、难点、特征记录下来，并把在考试和练习中出现的错题记录下来，这样方便日后记忆，也是加深记忆的方式。笔记本要做好分类，很多时候这些知识内容都是相互关联的，如果将这些需要加深记忆的内容联结起来，那么肯定能让自己的记忆网络非常坚固。

5.11 全神贯注记忆法 ☆

介绍了这么多常见以及有效的记忆方法，不过，这些记忆法的运用都有一个共同点，就是要做到全神贯注。所以，全神贯注记忆法贯穿于其他记忆法之中。它指的是高度集中全部的注意力指向材料进行记忆的方法。

高度的注意力可以使心理活动指向那些有意义的、符合需要的、与当前活动相一致的各种刺激，同时避开或抑制那些无意义的、附加的、与当前活动相干扰的各种刺激。全神贯注，能使我们尽可能完全地沉浸在"目标场"中，这样可以有效地排除干扰，避免"思维"浪费，尽早实现突破性的成果。

全神贯注记忆的过程，也是最大范围、最深度地调动思维能量的过程。在这样的过程中，人大脑中各种知识、能力的贮存和潜在作用会充分得以发挥，从而帮助记忆。

集中注意地、自觉地和积极思考地阅读两遍课文，比漫不经心地读十遍课文要记得多。高度的注意力也可以保证记忆的持续性。当外界的大量信息通过感知进入大脑之后，大脑还要对它们进行编码存储，如果这个阶段不能对信息继续高度注意，它很快就会消失。注意力贯穿整个记忆过程，对感知、记忆、思维、想象等心理活动起着积极的组织和维持作用，它使客观事物在我们的大脑中反映得更加清晰、完整，记忆得更加扎实、深刻。

如果我们上课时处于极好的状态，注意力高度集中，下课就能将大脑中的那些知识点下意识地说出来，这样会提高上课期间的效率。利用好了课堂上的时间，下课后无须过多时间就能熟练掌握，做题复习效率也极高；反之，只能事倍功半，花大量时间复习上课的内容，还容易丢三落四，知识掌握不完全、不熟练，为做题和今后复习埋下隐患。

全神贯注记忆法在运用时需要注意以下三点。

（1）注意力高度集中后，还要根据记忆的内容，联系其他能力（观察力、想象力、思维力等），并利用各种能力的协同作用，来增强记忆效果。有了浓厚的学习兴趣和求知欲望，我们就能全神贯注，把精力集中在记忆上，同时把听、读和写等多种运动结合起来，多种感官并用进行记忆，进而提升记忆效率。注意力是记忆的基础，注意力集中，才能使记忆的内容在大脑中留下较深的痕迹，也记得牢；如果注意力分散或想别的事情，就会相互干扰，易造成遗忘。

（2）记忆时必须目的、任务明确，一心一意。学习和研究往往是自觉地或受指令地，或偶发性地确定目标的活动。当目标确定或基本确定之后，需要的是对于目标及其相关条件、实现手段、方式、途径等围绕这一中心的相关因素进行集中思考，从中寻求解决方案。明确的目标和任务能触发内心表现自我的需要，激发学习动机，全神贯注地去识记。不要在学习的同时干其他事或想其他事。一心不能二用的道理谁都明白，可还是有许多人会边背诵边听音乐。或许你会说听音乐是放松神经的好办法，那么你尽可以专心地学习一小时后全身放松地听一刻钟音乐，这样比在音乐中记忆的效果好多了。

（3）全神贯注记忆法在运用中要有钻得进、跳得出的本领。即集中注意力之后，又要防止走进死胡同。不能忽视了所记内容的意义，而只一味地集中在字面上，否则，所谓"集中"就失去了本质意义。

这些常见的记忆法我们在学习中或多或少都有用到，只是没有系统地总结和训练过。只要平时能有意识地总结，并将正确的记忆方法应用于与之相适应的记忆任务，面对为数众多的记忆方法在针对特定的记忆知识点时，就能灵活选择、综合使用。

行动起来

要形成一套属于自己的记忆方法，就要找一个良好的环境，如充足的光线、清新的空气、正常的气温和相对的安静，然后排除分心的因素，选择合适的记忆任务，综合使用记忆方法，让自己能在有限的时间内获得一个良好的记忆效果。长期训练就会受益匪浅。

第 6 章

记忆训练，开发你的潜能

如果有意识地进行记忆力自我训练，掌握记忆技巧，针对不同的记忆内容选择恰当的记忆方法，就可以做到信手拈来，随机应变，获得良好的记忆效果，提高学习成绩。记忆的模式源于持续性运作以及习惯性模拟，日常练习不可忽视。

6.1 万事开头难 ☆

万事开头难，记忆训练也是一样。记忆训练需要从兴趣开始，如果我们一开始就对记忆训练非常热衷，并且迫不及待地想要马上进行，那么落实到行动之后的效果自然会非常好。但是如果我们一开始就感觉索然无味，怎么可能顺利进入到训练的状态中呢？

对于不同的同学，一套通用的记忆训练方法是不存在的，适时适地选择适合自己的最佳训练方法是非常重要的。训练起步的时候更要关注的就是激发自己的动力，所以，这里有一些提示帮助我们在记忆训练开始时就能建立兴趣并养成良好的习惯。

（1）不论是什么时间，如果我们有兴趣做自我挑战，就可以进行记忆训练。

（2）记忆训练需要有一个规律，就是根据自己训练记忆的内容和次数确定一个合适的时间段，确定合适的频率，每星期至少一次。重要的就是规律，如果出现一次无法完成训练，那么就要在其他时间补上，这是记忆训练中非常重要的节奏，大脑对这些训练过程都是有记忆的。

（3）记忆训练不要只涉及文字，也要有图片、颜色、气味以及情感，这些因素都是训练中需要调动的，因为我们真正记忆的过程是需要五官的相互配合。

（4）记忆训练永远不晚，大脑的功能在于接收信息、整理以及存储知识，这些不会随着年龄增长而改变，不要以"年纪大了，记不住了"为借口而放弃提高记忆力的训练。

记忆训练最具挑战的阶段应该是最初的一周，这里以学生的记忆训练模式为例制订一份一周的计划，如表6-1所示。

表6-1 一周记忆训练计划表

第一天	将日常学习和我们喜欢的事情、情感、味道等结合在一起，比如做数学题的时候想起巧克力的味道，写作文时则会想到桂花香（感官经验的联系）
第二天	将下周要检测的英语单词写在一张小纸条上，以一则故事将这些词串联起来，接着脱稿复习，入睡前再对自己复述这个故事，隔天将纸条上的单词再重复一遍，会发现惊喜（编故事）
第三天	复习某章节的知识脉络（路线）
第四天	为复杂的化学反应式设定记忆路线和图像，让其更生动，并把它们记住（抽象信息的视觉化）
第五天	分解一首需要记忆的古诗词，用简易的数字系统为诗中形象编号，通过记忆数字来记忆古诗词（数字编码）
第六天	记忆阅读中发现的好词好句，利用画面图像结合文字记忆（图像记忆）
第七天	回顾前面记忆的内容，作为记忆训练的总结测试

以上记忆训练每一天的任务可以调整，关键要看的是是否符合现阶段记忆内容和需要，刚开始的时候可以安排稍微轻松的任务，这样在训练的过程中不会因为任务过重而有退出的想法，后续再逐渐加大任务量。

最初记忆训练阶段最重要的就是把记忆的好习惯培养起来，让自己能抓住记忆的节奏，找到适合自己的记忆手段，让自己有一个好的开始。

行动起来

此刻的你应该思考一下自己的记忆能力，然后先迈出第一步，把现阶段的学习任务分解到每一天的记忆训练中，制订一份切实可行的记忆训练计划，把前面介绍的记忆方法融入这些训练计划中，形成一套自己习惯的记忆方法，相信这会是一个好的开始。

6.2　随意状态下的记忆模式 ☆

　　我们都说日常生活中存在很多的美，只是没有发现美的眼睛。其实，我们的记忆能力也一样，一直潜藏在我们的大脑中，一直应用在我们的日常生活中，只是没有很好地运用和开发它。

　　每一次的记忆过程都是提高记忆力训练的模式，所以日常训练就是最好的机会。所以学生平时每天的学习，就是训练记忆的时机；甚至在日常玩的过程中，也可以训练自己的记忆力。

　　大家常说，要想记忆好，多交朋友多用脑。其实，朋友之间的交流是我们建立灵活思维最常见的训练方法。不同个性的人相聚在一起，谈天说地，可以打开思路。每个人的思维都是有局限的，学习思考的维度也是有限的，所以多人的交谈对记忆训练很有帮助。

　　（1）我们在闲聊中会不断地提及一些和所需记忆相关的内容，联想到一些有趣的事情，这是训练我们的回想能力。

　　（2）交流还能激发我们对学习的兴趣，在交流过程中经常有人提及一些很有趣的学习方法或者故事，这些能刺激我们有意识地去主动记忆。

　　（3）交谈的过程也是一种"良性较量"，如果发现有不足，我们都不会服输，会更努力地去记忆那些学习过的知识。

　　另外，记忆能力在娱乐中也可以得到训练，所谓快乐学习的状态也是从中而得。凡是优秀的学生不仅知道如何学习，同时也知道如何休息和娱乐。在娱乐的过程中，我们也能收获到很多对学习有利的知识。

　　（1）多看轻松愉快的喜剧，这对于我们大脑的思维、记忆能力的提高非常有帮助。在学习累的时候适当的休息是必要的，比如可以听十分钟轻快的音乐，或者读一段轻松愉快的文章，看一些喜剧片段等，这些都能提高思维的活跃性并增强记忆力。

　　（2）阅读不同题材的书籍。学习中我们离不开阅读，多读一些新书，包括不同题材、不同领域的书籍，这样对提高大脑的活跃性都非常有帮助。娱乐的时候，我们可以看一些简单易懂，自己有兴趣的书。

开启随意状态下的记忆训练模式就是要在日常生活中随时随地选择对象来训练自己的记忆力。比如有的女生逛街过程中就能将很多广告名牌记下来，又如男生会去记住汽车的牌子和标志等。如果能养成只要有意识地多关注一下就能轻松记忆下来的习惯，那么应用到学习中也能找到这样的记忆感觉。

行动起来

此刻的你要学会观察生活，观察人和事，可以先从自己身边做起。比如观察一些人，想象他们的性格和各种喜好，锻炼自己的想象力，把这些人的一些特点记录下来，并和他们交流，看看自己的记忆效果如何。

6.3 坚持训练让你变得强大 ☆

记忆训练重在坚持，我们很多时候在下决心的时候信心满满，计划多多，但时间长了之后就会出现懈怠情绪，甚至不能顺利完成既定的训练任务。所以在下定决心要进行记忆训练的时候就要重视日常训练的规律性，并确保计划的执行。

能坚持的人是"可怕"的，因为这份力量是无穷大的，所以在记忆训练时一定要注意为自己制订能坚持下去的计划。往往计划的合理性和协调性，有助于我们做到持之以恒。制订记忆训练计划时要注意以下几个方面的问题。

（1）制定符合自身能力的实际目标。所以制订计划的时候要做的就是考量自己的状况，然后制订一份自己能完成并有所提高的计划。

（2）养成有时间观念的习惯。为什么要重视时间观念？因为记忆本身就是和时间息息相关的。为了能严格要求自己学习，在记忆过程中要清楚了解自己完成每一项记忆训练任务的时间长度，然后记录下来，从这些数据能看到整个记忆训练的结果，也能方便作出下一个记忆训练周期的合理计划。

（3）永远要为自己记忆的内容插入我们想象以及"装饰"的图像，不同于文字的图像、色彩等多元素就是提高兴趣的点，也是激励我们持续训练的重要因素。

（4）记忆训练一定要循序渐进，要有调整变动。随着需要记忆的内容增多，提出更高的要求，要加快记忆的速度。

（5）若是能够很稳当地完成最初的几个任务，我们要为自己制定下一个较高的目标。这样我们记忆力训练才会由浅入深、由易到难，不断提升训练效果，坚持训练才更容易得到保证。

（6）尝试找同伴、同学加入到记忆训练中，通常团体训练比较有趣而且有效。在相互学习中，还能学到不同的经验，可以交换相关的训练材料。

以上提到的注意事项是结合记忆训练计划进行的，需要学生根据计划坚持训练，必须要做到有信心、有决心、有耐心。

如果在记忆训练过程中遇到困难不要灰心，要分析自己记忆的方法是否有问题，选择的记忆手段是否适合自己等。不要心急，因为记忆本身是一个慢慢积累的过程。往往是通过一段时间的训练以后，你会发现你记忆一篇短文的速度提高了一倍。

记忆会一直伴随我们的成长，记忆对我们日常生活和学习是非常重要的，所以记忆训练也必须是持久的，甚至可以陪伴我们一生。

从此刻开始我们有意识地进行记忆训练，让大脑保持一种"刻意"的状态，持续以高效的方式去记忆日常点滴，在学习中能真正发挥记忆魔力的作用。

行动起来

你是否遇到过坚持道路上的拦路虎呢？那就把它们列出来，比如情绪、考试压力、社会活动等，分析这些因素出现的必然性和偶尔性，根据自己的记忆训练来判断有可能出现的问题，让自己防微杜渐，在问题没有出现之前就去除它，能保证自己坚持走好每一步。

6.4 习惯的大力量 ☆

记忆能力不是天生的，很大程度上依赖于后天的培养和不断的锻炼。前面介绍了这么多的记忆方法，目的不是让我们临时抱佛脚（当然通过学习各种记忆方法来进行短期内的突击训练也是可以大大提高记忆的速度和效果的），更主要的是希望我们能建立一种良好的科学记忆理念，采用科学的记忆方法来培养良好的记忆习惯，使其真正融入日常学习和工作生活中，这是一个人一生中不可或缺的财富。

养成良好的记忆习惯并不是一件容易的事情。为了达到这个目的，首先要端正记忆的态度，树立信心；其次要有持之以恒的毅力，只有不断地将各种精彩的记忆方法应用到记忆中去，才能真正提高我们的记忆力；再次就是创新的精神，记忆方法不是墨守成规的，而是在记忆的过程中不断摸索出来的。

我们可以根据实际材料，不受约束地充分拓展自己的思维，充分发挥自己的想象力，发现和创造出更精彩的记忆方法来。最好的记忆法是最适合你的那种记忆法，最好的记忆法始终等着你去发现。

学习、工作效率的高低，是一个人综合能力的体现。在学生时代，学习效率的高低主要是对学习成绩产生影响。参加工作后，一个人学习效率的高低则会影响他（或她）的工作成绩，继而影响他（或她）的事业和前途。可见，养成好的学习习惯，拥有较高的学习效率，对人一生的发展都大有益处。可以这样认为，学习效率很高的人，必定是优秀的人才。因此，对大部分人而言，提高学习效率就是提高学习和工作成绩的直接途径。

在我们生活中，对于过去的记忆，我们常常需要回想，但我们每个人仍然拥有许多被自动化了的记忆，这些被自动化了的记忆就是记忆习惯。记忆习惯在我们年龄很小时就形成了。

记忆习惯的作用是显而易见的。谙熟自己专业知识的人，工作起来得心应手，富有成效。而那些对大多数的知识都记不清，需要查资料的人，毫无疑问，他们的工作总是事倍功半。记忆习惯的范围很广，包括语言记忆习惯、视觉记忆习惯、数理记忆习惯和运动记忆习惯等。

语言记忆习惯就是人们对日常生活知识的记忆，诸如对自己的籍贯、出生地、出生年月等的记忆都属于这类记忆习惯。声乐记忆习惯也属于语言记忆习惯，其具有特殊的稳固性。每当乐曲响起，人们就能毫不费力地想起这首歌的歌词，即使这歌是几十年前学的。任何一种乐器的演奏师在听过一首悦耳旋律后，都能轻松地把它复奏出来。一个年逾古稀、早已"洗手不干"的乐队指挥，一旦和从前的钢琴师重逢，他们仍能合作演奏出过去一起演奏过的许多世界名曲。

视觉记忆习惯具有清晰、生动的特点，对于给自己留下过深刻印象的人和事，人们总是记忆犹新，历历在目。其中，视觉后象更是一种特殊的视觉记忆习惯。有人在短暂地看了一下书中的内容后，仍能借助于视觉后象清晰地念出他所看到的一段文字。

这些习惯都是对我们的记忆训练有帮助的，同时通过这些训练可以规范和"管理"自己的习惯，让记忆系统更完善、更科学。

行动起来

当你接到一个需要记忆的任务，想想你要做的每一步，写在一张纸上，这就是你过去的记忆习惯。也许你会发现，针对不同的记忆内容你的记忆习惯是相似的，那么在记忆训练过程中一定要重视调整这种习惯，让自己能及时判断分析记忆内容的特点，选择最合适的记忆习惯来学习和记忆。

6.5 21天的定势魔力

行为心理学研究表明：21天以上的重复会形成习惯，90天的重复会形成稳定的习惯。就是说，同一个动作，重复21天就会变成习惯性的动作；同理，任何一个想法，重复21天，或者重复验证21次，就会变成习惯性记忆。

在记忆的世界里，21是一个具有魔法的数字。有人说我们真正要养成一个习惯，需要21天。其实，21天是一个习惯形成大概的时间，不是严格的标准。我们在记忆训练时一定要制订这个21天的计划，让自己能获得一个不错的记忆训练过程。

其实21天只是一个周期，就像治疗的疗程，一个疗程是21天，而第一个疗程完成后，就要计划下一个疗程。

多个"疗程"的记忆训练中，大致分三个阶段：

第一阶段：1～7天。此阶段的特征是"刻意，不自然"。你需要十分刻意提醒自己改变，而你也会觉得有些不自然，不舒服。

第二阶段：7～21天。不要放弃第一阶段的努力，继续重复，跨入第二阶段。此阶段的特征是"刻意，自然"。你已经觉得比较自然，比较舒服了，但是一不留意，你还会恢复到从前，因此，你还需要刻意提醒自己改变。

第三阶段：21～90天。此阶段的特征是"不经意，自然"，其实这就是习惯。这一阶段被称为"习惯的稳定期"。一旦跨入此阶段，你已经完成了自我改造，这个习惯就已经成为你生命中的一个有机组成部分，它会自然而然地不停地为你"效劳"。

我们要学会做一个有心人，为自己有计划地塑造好习惯。当然，如果坏习惯已经十分顽固，可能需要花更多的力气去克服坏习惯，形成某些好习惯。

中国有句古训：江山易改，本性难移。这句话的含义有两层：一方面，人的本性是很难改变的；另一方面，人的本性虽然很难改变，但并非改变不了，只是难了一点而已。假如我们的本性中有一些阻碍成功的因素，我们如果不改变，岂不是注定要失败？如果你对改变自己的劣根性没有信心，裹足不前，请扪心自问：我是要成功，还是要失败？不改变，就意味着失败；要成功，就别无选择，立即改变。

改变习惯其实很简单，成功其实也很简单。成功，就是简单的事情反复地做。之所以有人不成功，不是他做不到，而是他不愿意去做那些简单而重复的事情。

行动起来

就问自己一个问题：你想要成功吗？想！请开始21天的记忆训练计划，并要有长期坚持下去的心理准备，甚至会一生坚持这种记忆的训练。

6.6 唤醒天才的你 ☆

我们每一个人都有成为天才的可能，关键在于如何唤醒沉睡在我们内心的自己。这里可以结合第4章、第5章介绍的记忆法，强调几种在记忆训练中可以运用的方法，让我们能更高效地找到适合自己的记忆方法。

1. 利用最佳时段加强记忆力

心理学实验表明，记忆的最佳时段是学习中开头阶段、刚结束阶段和具有醒目效果的阶段。例如读书、上课、参观、听报告、看演出等活动，如果连续几小时，一般是活动的开头阶段和结束阶段记忆印象最深刻。

2. 朗读与默读相结合来加强记忆

宋代教育家朱熹早就教导书院学生要大声朗读，所以朗读一直成为语文、历史、外语等课程的传统要求。因为朗读可以通过视听双重感官向大脑皮质输送信息。但是心理实验发现：记忆外语单词，默读数遍之后再进行朗读，效果更佳。

3. 用分配位置、编故事、数字联想等来帮助记忆

要记忆一大堆互不相关的单词，可以进行位置分配或编串成简单而又离奇的故事来帮助记忆，前者称为"位置关系记忆法"，后者称为"故事叙述记忆法"。

4. 高度集中注意力最容易记忆

注意力是指发现一个事物或现象后，把意识固定在该事物或现象上。如果达到"意识焦点化"，就最容易强化记忆。从这个意义来说，记忆力等于注意力。但是，要想高度集中注意力，就必须保证身心健康，下列一些生理心理现象，都是影响注意力的原因，必须尽量避免：精神刺激、压力、心情郁闷、自卑、过度紧张、噪音、假象或偏见、身心的律动无法平衡、睡眠不足、过度疲劳、抽烟喝酒过量、相似记忆重叠、老化等。

5. 复习可以提高记忆维持率

经验表明，如果只学习一次，即使当时觉得记得很熟，但9小时后可能全部忘记。但如果不断复习，就可以大幅度减少记忆遗忘量。根据教育的研究，复习时间安排的最佳效果是：第一次学习45分钟的内容，10分钟后复习5分钟，1天后再复习5分钟，1星期后再复习3分

钟，半年后再复习3分钟。这样复习多次后，再回忆就很容易了。这种情况也为我们每个人经验所证明，例如第一次背诵一首20多句的诗，用了2小时朗读才勉强背得；往后复习每次只要朗读一遍，就巩固一次；多次复习之后便终身不忘了。

6. 选用适合自己优势的感觉类型来帮助记忆

来自感觉的信息处理可分为：视觉优势型、听觉优势型、运动感觉优势型三种。

视觉优势型：观察人时，很注意对方的面部表情；休息时通常看书或看电视；讲话速度快，少废话；一旦动怒便开始沉默；艺术方面偏爱绘画；回忆事情时，脑海里总是先产生影像。

听觉优势型：善于辨识或模仿各种声音；艺术方面偏好跳舞或雕塑；身体受到约束无法自由时，便开始焦躁不安；想不出单词时会尝试写写看；一旦动怒就会挥拳相向或捏紧拳头；休息时多专注于电玩或运动；讲话时有身体语言，且速度较慢。

运动感觉优势型：观察人时很注意对方讲话的音调；讲话声音清晰，速度中等；艺术方面偏爱音乐；看书或工作时，一有噪音就会分心；一旦动怒便会不由自主地大声吼叫；谈到小说电影时，最先回忆起台词或主题曲。

每个人的特点优势可能各有侧重，但最基本的仍是视觉优势型。一般而言，在学习中视觉的作用约占70%，听觉约占20%，运动感觉约占10%。故一般原则是：在视觉型的基础上再适当加重各人侧重的优势型比例（三种类型中选加一种）。

7. 训练过程遵循学习六步骤可有利于记忆

学习六个步骤：

（1）进入最佳心灵状态。排除心中杂念、恐惧、不安、烦躁等压力和负担，尽量充分发挥自我想象。

（2）以最适合自己的形态取得资讯。即以最适合自己的感觉特性形态（视觉型、听觉型、运动感觉型）输入相关知识，新的知识可稍微加工，以容易记忆最为重要。

（3）深入学习。先掌握所学内容大纲，再从小处着手深入，即先立骨架，再补血肉。引发正面情感（如快乐等），会记得长久。

（4）重要内容要烙在脑海里。记忆可帮助整个学习内容的重点项目。利用最适合自己的记忆技巧来正确记忆。

（5）尝试在大众面前讲述。试着在大众面前谈天或讲述，有助于加强记忆，而且还可以了解自己哪些地方学得不够透彻。

（6）回顾检查。以上步骤结束后，应总结检查做得好的地方和不足之处，并找出原因供下次参考。

以上的记忆训练方法都是用来唤醒"天才"的，只要我们能做到按照训练计划执行任务，慢慢地你会发现自己也成了一位过目不忘的天才！

行动起来

天才的你最应该做的就是树立信心，没错，你也是个天才，只是发现比较晚。记忆训练的开始你需要做的就是了解记忆方法，能做到根据自身实情选择这些方法，并能灵活"调度"。

第 **7** 章
高中语文的记忆方法

　　语文学习记忆中，主要是对一些文学常识和古诗词的记忆，当然在构思作文的时候也需要记忆素材。高考语文很多题型主观性非常强，而这些题的理解能力皆基于扎实的语文知识基础，深厚的文学功底，都离不开对课文知识的记忆累积。结合不同的语文内容，因"材"施"教"进行记忆方法的选择和训练对学好语文非常重要。

7.1　基础知识记忆 ☆

高中语文基础知识是语文学习中最基本的基础，而且这些知识在记忆的同时还需要学会灵活运用，触类旁通。

语文学习中很多内容是需要"死记硬背"的，比如各种文学常识、语法修辞知识、文体知识等。但是这些需要"死记硬背"的知识也是有记忆窍门的。

1. 修辞知识的记忆

修辞知识内容相对比较简单，在考核中涉及的就是词语的锤炼、句式的选择和修辞的运用。三部分的内容首先要求掌握基础的修辞手法，然后将其应用到实际的句式中。这里举几个比较常见的修辞手法，来帮助学生掌握记忆的技巧。

（1）比喻修辞。

比喻就是打比方，把抽象事物形象化，一般可分为明喻、暗喻、借喻。而比喻的格式是非常明显的：本体+比喻词+喻体。

（2）借代修辞。

借代特点就是隐藏本体，用相关名称来代替。记忆这种修辞手法关键在于抓住名词的特点（包括抽象名词的意义），尤其是一些特征、标志等，能让我们一下子看到替代本体的名词。

（3）反语修辞。

反语是指说反话，这里涉及了很多情感，比如讽刺、嘲弄、辛辣等。在记忆的时候就要结合情感来掌握其中的思想深度。

（4）顶真修辞。

顶真修辞是指前一句结尾部分的词语用作后一句的开头，达到首尾相连、上递下接。记忆的时候直接重视观察就行。

记忆的时候用字母表示就是"ABC，CDE"。

（5）双关修辞。

● 谐音双关

利用词的多义及同音 （或音近）条件，使语句具备双重意义，言在此而意在彼，就是双关。它可使语言表达得含蓄、幽默，而且能加深语意，给人以深刻印象。

● 语音双关

这是一种根据词的多义条件而故意导致言在此而意在彼的修辞方式。这种修辞在歇后语中经常出现。

2. 文言文语法知识的记忆

（1）通假字。

通假现象比较容易记忆，同音代替就是规律，所以记忆中找到特点和规律非常关键，有四种情况要铭记：

● 以简代繁，假借声旁代本字；
● 以繁代简，形声代替声旁字；
● 两字声旁同；
● 音同形近相通用。

（2）文言实词和现代汉语词的异同点。

利用比较记忆法来记忆会非常简单，因为文言中很多的实词、虚词和现在的用法是有区别的，但同时也有一定的联系，所以通过对比记忆相对轻松一些。

我们学习中也能看到对应的词语有几种情况：

● 古今词义完全相同，尤其是一些实词：人、山、小、我等；
● 古用，今不用，比如大夫、上卿、相国等；
● 古文义用现代词代替。

小试牛刀

（1）口诀记忆法

我们可以把一些语文知识编成口诀来记忆，效果非常好。

记忆文学常识的"四字经"："先秦诸子，孔孟荀卿。《论语》《孟子》，四书列名。老庄无为，《道德》《逍遥》。屈子楚辞，《九》《九》《离》《天》。汉代文赋，首推贾谊。刘向司马，《战》《楚》《史记》。班固《汉书》，断代开启。魏晋建安，三曹领先。富有乐府，《神龟》《蒿》《观》。曹丕燕歌，典论批评。子建七步，五言奠基……"

（2）纵横结合记忆法

因为每个时代不同，所以每一位作家的写作背景也就不相同，从而形成了纵的联系；同一时期不同作品也有各自的特点，从而又形成了横的联系。所以我们要把这些纵横交错的知识点组合起来，形成自己的知识体系，实现快速而牢固的记忆。如我国古代戏剧史有三个高峰，一是元杂剧四大家加上王实甫，二是汤显祖的"临川四梦"，三是清代的"南洪北孔"。这样纵横结合加以记忆，中国古代戏剧史又何愁记不住呢？

（3）双关谐音记忆法

"我失骄杨君失柳，杨柳轻飏直上重霄九。"（"杨"实际上是指杨开慧，"柳"实际上是指柳直荀）

"春蚕到死丝方尽，蜡炬成灰泪始干。"（"丝"即"思"的意思，以此来表达男女之间的爱情）

茶壶里煮饺子——有嘴倒（道）不出

老太太抹口红——给你点颜色瞧瞧

行动起来

语文基础知识内容繁多，均属于高考的出题范畴。通过最有特征的知识训练掌握其中的记忆技巧，在适合的记忆方法指导下去"死记硬背"，就能实现灵活运用的效果了。在考试中，无论是直接的提问还是在阅读中运用都能得心应手。

7.2 文体特征记忆 ☆

对高中语文中文体知识的记忆，主要是对相关文学知识要有一个历史的概念，同时还关乎文体特征等。在记忆的时候要找到相互之间的关系，并突出其中的重点。

1. 文学史上盛行文体的记忆

春秋诗经，战国楚辞；先秦时期，诸子散文；汉代乐府，唐诗宋词；元代杂剧，明清小说。

在记忆这些古代文学时，利用歌诀记忆法就会比较有效。

- 历史经典有《左传》《国语》，编者左丘明
- 诸子百家记七个：儒家孔丘和孟轲
- 《吕氏春秋》吕不韦，《孙子》兵书孔武著

2. 议论文的记忆

议论文写作中，一般需要使用论据，注重排列顺序，通常有并列式、交叉式和层进式三种。这里可以编写七字句口诀来记忆：论文论据有三种，并列层进与交叉。

议论语言的特点是非常明显的，主要有准确性、鲜明性、概括性和生动性。准确性是指概念明确，判断准确，推理严密；鲜明性是指态度分明，观点清楚，决不含糊；概括性是指简明扼要，不拖泥带水；生动性是指把抽象的议论与形象的表达结合起来。

3. 古诗的记忆

背诵古诗时，我们可以先认真揣摩诗歌的意境，将它幻化成一

幅形象鲜明的画面，就能将作品的内容深刻地存储在脑中。例如，读李白的《望庐山瀑布》时，可以根据诗意幻想出如下画面：山上云雾缭绕，太阳照耀下的庐山香炉峰冒着紫色的云烟，远处的瀑布从上飞流而下，水花四溅，犹如天上的银河从天而落。记住了这个壮观的画面，再细细体会，就会相当深刻地记住这首诗。

小试牛刀

　　"三"字在文体记忆上应用得非常多，我们在记忆中要重视数字的运用，并要把需要记忆的内容精炼概括。很多知识都是需要根据自己的记忆特点来总结归纳。

　　（1）小说"三"要素

人物、故事情节、环境——"情人镜（境）"。

　　（2）文章"三"眼

文眼——文章中点明题旨，深化主题；

题眼——题目中的关键所在，对分析文章主旨、理解全文作用很大；

字眼——文章中用得生动传神的字和词。

　　（3）说明文"三"大特点

表达方式的"说明性"；文章内容的"知识性"；写作态度的"客观性"。

　　（4）议论文"三"段论式

引论——提出论点或者论题；

本论——论证论点；

结论——展示或者深化论点。

　　（5）写作感受"三"要

紧扣原文，有感而发；

联系实际，重点突出；

角度新颖，形式灵活。

　　（6）新闻"三"要素

新、真、快。

行动起来

把文体知识中会应用到的一些"数字"结论总结运用好，你就能在高考中回答问题就如同应用公式一般，结合材料，一步步把其中关键的因素回答出来，也就掌握了语文解题的秘诀。语文阅读的主观问题看起来复杂，其实掌握了文体特征之后就能很准确地把握解题步骤和方法，得分率也很高。

7.3 语感记忆 ☆

在语文学习中阅读理解非常关键，而且很多时候我们是靠语感来理解的。语感是对语言文字敏锐而又丰富的感情能力。在语文教学标准中也提到，重视培养良好的语感和整体把握的能力。

我们日常的语感培养，其实就是让我们的大脑产生一种语感记忆，培养一种语感能力。进行语感训练，就是要让我们直接参与感知语言的实践，充分地读，在读中有所感悟，在读中培养语感，在读中感受情感的熏陶。语感的产生，往往来自我们日常听说读写能力的训练。

1. 形象感受培养语感记忆

朗读记忆不只是看字读音的直觉活动，也是朗读者在理智和情感的作用下，将视觉诉诸听觉，将文字转换成声情并茂的言语过程。朗读训练要努力使课文中的艺术形象在心中活起来，只有心中有了形象，朗读时才能再现文中的情景。朗读不仅要眼看口读，还要耳听脑想，努力再现课文所要表达的情境。这样，我们朗读的过程也就是语感生成的过程。

2. 多形式反复朗读来培养语感记忆

有感情地朗读课文，实际上就是用自己的话口述作者的话，学作者的语言，学作者的遣词造句，学作者的神气、音韵，感受作者的思想感情。通过对文章的重点部分进行多种形式的反复朗读，掌握文章的语气、节奏、句式、格调，揣摩其中蕴藏的情趣和意旨，充分感知课文准确的用词、生动的造句、巧妙的布局、感人的情境等，这样我们就对课文中准确优美的词语、生动鲜明的语感、奇特严谨的结构，都能留下深刻的印象。

3. 扮演角色，强化语感记忆

分角色扮演在语感记忆中也非常重要，文学作品中的角色扮演非常有意思，在日常我们可以找一些同学一起来完成这些训练。我们可以根据故事情节揣摩人物的语气，通过讨论、朗读，感受人物的情绪，和人物一同思考、一同感受，这样就能很好地发展语感记忆能力。

4. 激活生活体验，加深语感记忆

生活有多么宽广，语文就有多么宽广。语感的培养，离不开丰富的生活体验，每个人必须通过自己的生命活动获得某种对生活的体验，才能掌握言语所表示的东西及其背后潜藏的思想与情感。语文教师要善于对学生的感悟进行多方引导、点拨，将其隐藏于内心深处的各种生活体验调入前台。这样我们对言语的理解就会变得更加容易，感悟就会更加深刻。

5. 在品词析句中把握语感记忆

文本的意韵、情感往往是通过具体的词语、句子，或明或暗地表达出来。我们只有对语言文字具有敏锐而又丰富的感悟能力，才能心领神会，引起情感共鸣。反过来，我们善于对那些经典的词句进行品评、揣摩、感悟，才能不断提高语感的精确性和敏锐性，才能不断提高语感能力，以此形成良性循环。

6. 在语言积累中培养语感记忆

古人云："熟读唐诗三百首，不会作诗也会吟。"广泛阅读是积累语言知识的一个重要途径。阅读包括无声默读与出声朗读两个方面，提倡阅览与诵读并重。阅览是手、眼、脑等感官协调活动的过程，是直觉体悟语言的基本方式之一。

在抓好精读的基础上速读广览（即广泛浏览），这是训练直觉思维的有效途径。一目十行的速读，主体所感知的不是孤立零碎的单个文字符号，而是由字、词、句、段（甚至包括标点符号）所构成的意义整体。主体在进行速读时，有时不必逐个破译每个文字符号代码，而是利用与直觉思维密切相关的预见、猜测、期待等手段简化阅读过程，从而迅速敏锐地把握作品实质。

有了速读做基础，广览就好办了。广览，能拓展阅读范围，增加其词汇、句式的储备，促进其语言经验、知识向语言能力转化，从而形成语言直觉。

小试牛刀

学习《桂林山水》一课时，我们可以带着问题反复读课文，特别是通过一些重点语句的朗读，感受到桂林山水的美，读着读着，对桂林的喜爱之情就自然而然地用语言表达出来了。

"书读百遍，其意自见。"感情朗读不仅是体会课文思想感情的有效方法，也有助于我们情感的调动。如：在读了课文中描写春天的句子后，我们可以想象春天的画面，在美妙的意境中再读课文。这样，我们在阅读中体会文字的内容，培养了语感，得到了美的熏陶、情感的熏陶。

行动起来

你可以找一篇文章，有感情地朗读，多读几遍，就会发现每一次的朗读都会带来不一样的感受，这就是语感的作用。你要制订一个合理的阅读计划，因为语感的培养不可能一蹴而就，需要一个长期的过程。只要不断实践、不断训练，持之以恒，你的正确语感才能够形成。

7.4 材料记忆 ☆

材料记忆不仅是对文学知识的记忆，更是对一些日常阅读素材的记忆，其实很多时候一个小故事、一个小片段都会在高考中帮助学生创作出自己的文章。

关于文学方面的基础知识以及文学常识在前面两节中都有提及，这里主要讲讲作文材料的记忆方法。

作文是语文考试中的一项重要内容，我们要想通过较多的材料充实文章，就需要多关注重大新闻和热点问题，如感动中国十大人物等；也要多读一些针对性强的辅导材料；有时间再看一些寓意丰富的短小故事，以便在考试时能熟练运用。

现在高考语文给出材料作文是最常见的，而自己在写作的时候也需要很多的材料来充实文章。那么这些材料如何记忆呢？

1. 故事代入

我们在阅读中总能被很多故事感动，或者被震撼。其实只要将我们自己代入到这些故事中，并改变一些细节就能形成自己的故事；或者联系自己的生活经历进行一些小小的改编，就成了属于自己的材料。这样记忆起来就会方便很多，在作文中遇到相关的要求就能很快联想到这些故事。

很多记忆的内容只要和自己的切身经历联系起来就会印象深刻，所以，我们在材料记忆中可以融入个人的故事和情感，以增强记忆效果。

2. 背诵归纳

历史文学中的典型故事是要必须积累的，但不能只局限于简单地背下来，而是要做充分的总结归纳。比如怀才不遇的故事、临危受命的故事、爱国情怀的故事等，这些主题都是作文命题中的热门，而历史题材中又有很多名人故事是体现这些内容的。如果能很好地将这些故事应用到写作中，就会让批卷老师感受到考生的文学功底，从而给整个文章加分。

3. 举一反三

无论在教材还是很多阅读材料中，有些优美的词句或者新颖的文学技巧运用都需要学习。不仅仅是记住原话，更重要的是要记住这些技巧的特点，并能做到触类旁通，举一反三。我们在高考写作文的过程中，没有太多的时间让我们去斟酌一些语句，更没有机会查询材料，所以平时的记忆和训练特别重要。

高考写作文的时候，对材料记忆效果好的学生能很好地找到写作的感觉，思绪也会如泉涌般出来。当然在考试的时候要注意以下四个问题。

（1）准确审题，准确立意，保证不跑题；

（2）文章的观点可以大众化，但所用例子一定要新颖、丰富；

（3）应避免在文章中出现"硬伤"，如没有标题、字数不够或过多，在比较醒目的地方出现一些错别字等；

（4）因为高考作文采用网上阅卷，一定注意字迹工整，卷面干净。包括字体大小，字迹端正、清楚与否，笔芯的颜色是否一致，是否浓淡适宜，涂改是否过多等。

小试牛刀

高考作文现在形式多样，高考作文取胜的关键在于新颖和丰富。如何将我们日常记忆的材料恰当地应用于作文中非常重要。

以2016年广东省高考作文为例，如图7-1所示。

阅读下面的漫画材料，根据要求写一篇不少于800字的
文章。

（据夏明作品改动）

结合材料的内容和语义，选好角度，确定立意，明确问
题，自拟标题。

图7-1 2016年广东省高考语文作文

这则漫画反映了如今家长对孩子成绩过分关注的现状，一个孩子
无论真实的成绩如何，退步了就打，进步了就夸，仿佛那白卷子上鲜
红的数字就是衡量他是否优秀的唯一标准，仿佛那冷冰冰的成绩就是
孩子的一切。所以我们要根据这个材料在自己的材料库中找到最佳
的表达方式。

其实我们很多人都或多或少经历过这样"成绩论"的事情，
如何将自己的切身经历运用在作文中呢？针对"虎妈""狼
爸"的新闻也不在少数，如何将这些案例运用其中？"爱其子，
择师而教之。""父之爱子，乃生而行之乎。"历史名言如何融入
文章主题？

以下是一篇满分作文。作者很好地将日常自身经历、所见所闻融
入文章中，并灵活运用了书信体，以名言开题，整体形式新颖，内容
丰富，而且流露了丰富的真情实感。

致母亲的一封信

亲爱的母亲：

您好！

　　先请允许我引用一句名言："人能够登上荣誉的高峰，却不能长久地居住在那里。"我明白您对我的殷切期望，希望我永远都是最优秀的孩子，您的望子成龙我能理解，世界上有哪个母亲不想自己的孩子好？但今天我想跟您说，请原谅我不能一直优秀，请原谅我不能一直都做得最好。

　　我记得小时候，您一直拿我跟别人比，我记得我的表弟，有时候他来我家吃饭，您就会说："看谁吃得最快。"每次看我快速地吃完，您都会满意地点头。我记得我去学钢琴，你会坐着听我弹，听我练，直到每一个音符都弹得流畅，您才会微笑地放我离开，我去考级，虽说也并不真的痛恨钢琴，但我对考级的厌恶有一半都来自您过高的期望。有时候我也会羡慕其他孩子，当班上一个成绩一般的同学拿到成绩单后就能开心地回家，因为他有了一点进步。而我心里却是忐忑的，因为您要求我每次考试都要95分以上，所以我惧怕，即使我的成绩在班上很好。

　　母亲，我希望您也能理解我，体谅我，压力有时是动力，但更多时候，压力就像一个鸡蛋，从里面打破的是生命，从外面打破的就只有灭亡。我希望您能尊重我内心的最真实的意愿，而不是一味强加压力给我，我的成长并不是您个人的意志就能决定的，就好像思想家卢梭曾说："大自然希望儿童在成人以前，就应像儿童的样子"。

　　有时候我也会想到新闻里报道的"虎妈""狼爸"，他们希望自己的孩子从小就赢在起跑线上，在这个到处是竞争的年代希望能"与众不同"，但我觉得他们的孩子并不真的快乐。同为少年成名的作家蒋方舟，小小年纪便已出书，但她并不是父母逼的，而是她真的热爱写作，到如今已是受广大读者喜爱的青年作家之一。母亲，我知道您一直很爱我，您外表严厉只是想让我成为更优秀的自己，也许您可以选择用另外一种方式来引导我、鼓励我，我更愿意看到一个温柔的母亲。

　　今天，坐在高考考场上，人生往后漫漫长路也许就在我的笔尖下书写与改变，只是想借此机会，跟您说一句：这一次，让我做一回真正的自己，无论结果如何，我都无怨无悔。

　　谢谢您，我的母亲。

您的儿子

★★★

2016年6月7日

行动起来

　　你应该找一本记忆手册，把自己日常积累的材料好好整理出来加以记忆，定期考查自己在一个命题作文下能想起哪些素材，训练自己的联想速度。在一些材料上你可以写上自己的批注和评价，这样就能加深印象。

第8章
高中数学的记忆方法

　　数学学习=90%理解+10%记忆，数学记忆无非包括概念、原理、公式、定理、数字等，比较枯燥且难以理解，所以记忆过程中要重视逻辑性和辨析性。数学学习一般都是基于大量地做题，以此来巩固知识，其实也是为了记忆不同题型的解题思路和模式。

8.1　数字记忆 ☆

数学的学习离不开数字，数字记忆就是抓住不同数字的特点，然后总结归纳这些数字，在实际解决数学问题中能直接运用。

数字记忆与一般记忆有所区别，它更侧重于逻辑性、解题思路、定理、公式等。数字记忆是数学学习的重要一环，尤其是数学学习的起始阶段，数字记忆可以有效提高学习效率，达到事半功倍的效果。

1. 数字记忆的主要特点

（1）操作性记忆。

要在解题、推理中去记忆数字。

（2）结构性记忆。

将相似题型归纳、总结成一种结构，以此结构作为数字记忆的基本方法。

（3）系统性记忆。

数字系统不是孤立的而是一个严密的逻辑体系，所以在学习中应把握知识的来龙去脉，灵活运用，融会贯通。

2. 数字记忆的方法

（1）课前预习，强化模糊记忆。

数学涉及逻辑语言、图形语言、符号语言以及文字语言等，它的信息量非常大，如果在课堂上全部记忆所有内容势必过犹不及，难以取得良好的效果。为此，我们要加强课前预习，掌握学科上的数字特点，尤其是教材上的说明例子更要重视。

（2）视、听、动等多种方式参与，增强记忆效果。

数字的运用需要结合多种手段，通过多种渠道刺激大脑，使数字记忆更深刻、更长久。要知道一些数字在数学题中携带了很多的信息量，有时候我们可能只要看到这些数字就知道解题的思路了，因此数字给予我们的帮助很大。有时候我们要学会动手操作，比如画个图也能加深印象。

（3）通过数字练习，增强记忆力。

日常解题练习就是认识数字的关键，根据我们自己的能力做到基础达标、变式提升和综合拓展三个阶段的练习，数字的特点也会越来越明显。

小试牛刀

虚数理论开始于−1的平方根。那么，什么数平方后可以得到−1呢？如果仅限于实数轴，我们将永远找不到−1的平方根，因为任何实数的平方都是非负的。大胆接受"−1的平方根"。实数和虚数统称为复数，从此以后进入了一个全新的二维数平面。

质数，也称为素数，是只可被1和它自身所整除的自然数。欧几里得在《几何原本》中提出："素数的个数要超过任何一个我们可以指定的数。"但是，在整数序列中质数的出现并没有规律可循。

行动起来

你能否把学习过的特殊数字都罗列出来，比如有理数、无理数、虚数、实数等，然后能准确掌握它们的特点，举出典型的数字？高考需要掌握的数字类型很多，一定要做好总结归纳。

8.2　定理公式记忆 ☆

数学学习定理公式是基础，记忆这些定理公式最重要的就是理解，只有我们深入了解定理公式的来龙去脉，才能真正在解题中运用这些基础知识。它在记忆方法上和"死记硬背"相差很大，这里针对定理公式介绍几种常用的记忆方法。

1. 整体记忆法

一般情况下，知识点越多，记忆量越大，记忆效果越不好。但对数学公式定理的记忆则刚好相反，记忆内容多反而能促进记忆，形成一条记忆链。尤其是数学中出现的有关联的公式或者定理，整体记忆效果非常好，拆开之后反而不容易记住。

小试牛刀

积化和差公式：

$$\sin\alpha\cos\beta = \frac{1}{2}[\sin(\alpha+\beta) + \sin(\alpha-\beta)]$$

$$\cos\alpha\sin\beta = \frac{1}{2}[\sin(\alpha+\beta) - \sin(\alpha-\beta)]$$

$$\cos\alpha\cos\beta = \frac{1}{2}[\cos(\alpha+\beta) + \cos(\alpha-\beta)]$$

$$\sin\alpha\sin\beta = -\frac{1}{2}[\cos(\alpha+\beta) - \cos(\alpha-\beta)]$$

和差化积公式：

$$\sin\alpha + \sin\beta = 2\sin\frac{1}{2}(\alpha+\beta)\cos\frac{1}{2}(\alpha-\beta)$$

$$\sin\alpha - \sin\beta = 2\sin\frac{1}{2}(\alpha-\beta)\cos\frac{1}{2}(\alpha+\beta)$$

$$\cos\alpha + \cos\beta = 2\cos\frac{1}{2}(\alpha+\beta)\cos\frac{1}{2}(\alpha-\beta)$$

$$\cos\alpha - \cos\beta = -2\sin\frac{1}{2}(\alpha+\beta)\sin\frac{1}{2}(\alpha-\beta)$$

这是公认比较难记的公式，不过利用整体记忆就能很容易地记住。首先记住八个字"正余，余正，余余，正正"，这是八个公式中出现的排列顺序，正好也是两角和与差的正弦、余弦公式中函数的排列顺序。

通过对比发现，这些公式也是有规律的，记忆起来就会更方便。

积化和差公式

左边：函数排列顺序是"正余，余正，余余，正正"，这是$\sin(\alpha+\beta)$和$\cos(\alpha+\beta)$展开式中右端的排列顺序，每个公式中第一个角都是α，第二个角都是β；

右边：都有系数$\dfrac{1}{2}$，第四个带负号，每个公式中的角都是$(\alpha+\beta)$和$(\alpha-\beta)$，而且顺序相同，函数和中间的运算符合分别是"正+正，正-正，余+余，余-余"。

同样，和差化积公式也有类似的特点，我们在记忆的时候找最容易接受的规律来总结，就能很好掌握了。

2. 图像记忆法

在数学学习中离不开图像，几乎大部分数学知识都是可以用图像来表示的。比如不同函数的性质就可以通过图像来记忆，不同的图像也能表现出不同的特点。这些函数的共同特点以及它们之间的差异都在图像中一目了然。

小试牛刀

在记忆函数单调性的时候从定义上很难理解，但通过图像就能一目了然，如表8-1所示。

表8-1 函数单调性

函数的性质	定义	图像	判定方法
函数的单调性	如果对于属于定义域I内某个区间上的任意两个自变量的值x_1、x_2，当$x_1<x_2$时，都有$f(x_1)<f(x_2)$，那么就说$f(x)$在这个区间上是增函数		（1）利用定义 （2）利用已知函数的单调性 （3）利用函数图像（在某个区间图像上升为增） （4）利用复合函数

续表8-1

函数的单调性	如果对于属于定义域I内某个区间上的任意两个自变量的值x_1、x_2，当$x_1<x_2$时，都有$f(x_1)>f(x_2)$，那么就说$f(x)$在这个区间上是减函数		（1）利用定义 （2）利用已知函数的单调性 （3）利用函数图像（在某个区间图像下降为减） （4）利用复合函数

在记忆和理解函数奇偶性时也可以利用图像，清晰地看到奇函数和偶函数的特点，并能理解判定方法。在解题时也能直接将这种图解记忆运用其中，如表8-2所示。

表8-2 函数奇偶性

函数的性质	定义	图像	判定方法
函数的奇偶性	如果对于函数$f(x)$定义域内任意一个x，都有$f(-x)=-f(x)$，那么函数$f(x)$叫作奇函数		（1）利用定义（要先判断定义域是否关于原点对称） （2）利用图像（图像关于原点对称）
	如果对于函数$f(x)$定义域内任意一个x，都有$f(-x)=f(x)$，那么函数$f(x)$叫作偶函数		（1）利用定义（要先判断定义域是否关于原点对称） （2）利用图像（图像关于y轴对称）

3. 规律记忆法

数学讲求的就是规律和逻辑，所以在记忆的时候充分利用这种规律性自然就能获得一个很好的记忆效果。有规律的东西总会比没有规律的东西容易记，在数学中有些规律是需要我们自己去挖掘并整理的。

小试牛刀

特殊角三角函数值记忆，如表8-3所示。

表8-3　特殊角三角函数值

$\sin0°=0$	$\sin30°=\dfrac{1}{2}$	$\sin45°=\dfrac{\sqrt{2}}{2}$	$\sin60°=\dfrac{\sqrt{3}}{2}$	$\sin90°=1$
$\cos0°=1$	$\cos30°=\dfrac{\sqrt{3}}{2}$	$\cos45°=\dfrac{\sqrt{2}}{2}$	$\cos60°=\dfrac{1}{2}$	$\cos90°=0$
$\tan0°=0$	$\tan30°=\dfrac{\sqrt{3}}{3}$	$\tan45°=1$	$\tan60°=\sqrt{3}$	不存在

以上提到的五个角度正弦余弦的解其实是有规律的，都能写成 $\dfrac{\sqrt{n}}{2}$ 的形式，正弦值 $n=0$，1，2，3，4，而余弦值则 $n=4$，3，2，1，0，顺序和正弦值刚好相反。只要记住这个规律，在正切的计算中就非常容易了。所以如果一开始学习三角函数时要想准确记住这些特殊角的数值，就可以利用这样的规律来进行记忆。

4. 类比记忆法

有一些公式定理相互之间是有相似之处，联系起来记忆可以达到事半功倍的效果。在数学解题中往往方法不是唯一的，一道题可以有多种解题方法，会用到不同的定理公式。在解题的时候如果能总结这些方法，对比它们的特点，那么就能牢固地掌握这些定理公式了。

小试牛刀

直线的五种方程

（1）点斜式 $y-y_1=k(x-x_1)$（直线 l 过点 $P_1(x_1,y_1)$，且斜率为 k）。

（2）斜截式 $y=kx+b$（b 为直线 l 在 y 轴上的截距）。

（3）两点式 $\dfrac{y-y_1}{y_2-y_1}=\dfrac{x-x_1}{x_2-x_1}$（$y_1\neq y_2$）、$P_1(x_1y_1)$、$P_2(x_2y_2)$（$x_1\neq x_2$））。

（4）截距式 $\frac{x}{a}+\frac{y}{b}=1$（$a$、$b$分别为直线的横、纵截距，$a$、$b\neq0$）

（5）一般式 $Ax+By+C=0$（其中A、B不同时为0）。

以上五种方法在解直线方程的时候都可以利用，通过类比能发现每一种方程中未知数是不一样的，因此在审题的时候可以根据已知条件选择相应的直线方程，从而快速求解。

行动起来

你要把自己记忆最困难的内容写出来，然后从数学的角度去思考对应的原理，从前面提到的记忆方法中找到最佳的方法来强化记忆。数学公式原理多而且复杂，找到规律、学会辨别和运用是最重要的。

8.3 解题方法记忆 ☆

高考数学归根结底是需要解决问题，无论是推理、判断还是计算，在掌握数学基本知识的基础上利用数学方法进行求解。考试中常用的数学基本方法有：配方法、换元法、待定系数法、数学归纳法、参数法、消去法、反证法、分析与综合法、特殊与一般法、类比与归纳法、观察与实验法等。记忆这些解题方法的关键在于灵活思考和变通，能及时在题目面前选择最合适的方法。

1. 一些具体的解题方法

我们可以列举一些解题方法，帮助学生找到记忆的技巧。

（1）解决绝对值问题（化简、求值、方程、不等式、函数）的基本思路是：把含绝对值的问题转化为不含绝对值的问题。

具体转化方法有：

①分类讨论法：根据绝对值符号中的数或式子的正、零、负分情

况去掉绝对值。

②零点分段讨论法：适用于含一个字母的多个绝对值的情况。

③两边平方法：适用于两边非负的方程或不等式。

④几何意义法：适用于有明显几何意义的情况。

（2）根据项数选择方法和按照一般步骤是顺利进行因式分解的重要技巧。

因式分解的一般步骤是：

提取公因式 → 选择用公式 → 十字相乘法 → 分组分解法 → 拆项添项法。

（3）利用完全平方公式把一个式子或部分转化为完全平方式就是配方法，它是数学中的重要方法和技巧。

配方法的主要根据有：

① $a^2 \pm 2ab + b^2 = (a \pm b)^2$

② $a^2 + b^2 + c^2 + 2ab + 2bc + 2ca = (a + b + c)^2$

③ $a^2 + b^2 + c^2 + ab + bc + ca = \frac{1}{2}[(a+b)^2 + (c+b)^2 + (a+c)^2]$

（4）解某些复杂的特征方程要用到"换元法"。

换元法解方程的一般步骤是：设元 → 换元 → 解元 → 还元。

（5）待定系数法是在已知对象形式的条件下求对象的一种方法。

适用于求点的坐标、函数解析式、曲线方程等问题的解决。

其解题步骤是：

①设②列③解④写

（6）复杂代数等式型条件的使用技巧：

左边化零，右边变形。

①因式分解型：（…）（…）＝0　两种情况为或型

②配成平方型：（…）²＋（…）²＝0　两种情况为且型

（7）数学中两个最伟大的解题思路：

①求值的思路 <u>列方程法</u>→ 列欲求值字母的方程或方程组

②求取值范围的思路 <u>列不等式</u>→ 列欲求范围字母的不等式或不等式组

（8）代数式求值的方法有：

①直接代入法

②化简代入法

③适当变形法（和积代入法）

注意：当求值的代数式是字母的"对称式"时，通常可以化为字母"和与积"的形式，从而用"和积代入法"求值。

2. 解题步骤

解题需要按照步骤来解，可以按照以下的解题步骤来训练自己的解题记忆。

（1）弄清问题。

未知数是什么？已知数据是什么？条件是什么？满足条件是否可能？要确定未知数，条件是充分还是不充分，或者是多余的，或者是矛盾的，把条件的各部分分开。你能否把它们写下来？

（2）找出已知数与未知数之间的联系。如果找不出直接的联系，你可能不得不考虑辅助问题，你应该最终得出一个求解的计划。

拟订求解计划：

你以前见过它吗？你是否见过相同的问题而只是形式稍有不同？

你是否知道与此有关的问题？你是否知道一个可能用得上的定理？

看着未知数，试想出一个具有相同未知数或相似未知数的熟悉的问题。

想到一个与你现在的问题有关且早已解决的问题，你能否利用它？你能利用它的结果吗？你能利用它的方法吗？为了利用它，你是否应该引入某些辅助元素？

你能否重新叙述这个问题？你能否用不同的方法重新叙述它？然后回到定义去。

如果你不能直接解决所提出的问题，可先解决一个与此有关的问题。你能否想出一个更容易着手的有关问题？一个更普遍的问题？一个更特殊的问题？一个类比的问题？你能否解决这个问题的一部分？

如果仅仅保持条件的一部分而舍去其余部分，这样对于未知数能确定到什么程度？它会怎样变化？你能否从已知数据导出某些有用的东西？你能否想出适于确定未知数的其他数据？如果需要的话，你能否改变未知数或数据，或者二者都改变，以使新未知数和新数据彼此更接近？

你是否利用了所有的已知数据？你是否利用了整个条件？你是否考虑了包含在问题中所有必要的概念？

（3）实现求解计划。

实现你的求解计划，检验每一步骤。

你能否清楚地看出每一步骤是正确的？你能否证明每一步骤是正确的？

（4）验证所得的解。

回顾解题步骤，你能否检验这个论证？你能否用别的方法导出这个结果？你能不能一下子看出来？你能不能把这个结果或方法用于其他的问题？

小试牛刀

参数法是指在解题过程中，通过适当引入一些与题目研究对象发生联系的新变量（参数），以此作为媒介，再进行分析和综合，从而解决问题。直线与二次曲线的参数方程都是用参数法解题的例证；换元法也是引入参数的典型例子。

辩证唯物论肯定了事物之间的联系是无穷的，联系的方式是丰富多彩的，科学的任务就是要揭示事物之间的内在联系，从而发现事物的变化规律。参数的作用就是刻画事物的变化状态，揭示变化因素之间的内在联系。参数体现了近代数学中运动与变化的思想，其观点已经渗透到数学的各个分支中。运用参数法解题已经比较普遍。

参数法解题的关键是要恰到好处地引进参数，沟通已知和未知之间的内在联系，利用参数提供的信息，顺利地解答问题。

例题：

① 设 $2^x = 3^y = 5^z > 1$，则 $2x$、$3y$、$5z$ 从小到大排列是

_____。

②直线 $\begin{cases} x = -2 - \sqrt{2}t \\ y = 3 + \sqrt{2}t \end{cases}$ 上与点A（-2，3）的距离等于 $\sqrt{2}$ 的点的坐标是_____。

若 $k<-1$，则圆锥曲线 $x^2-ky^2=1$ 的离心率是_____。

③点Z的虚轴上移动，则复数 $C=z^2+1+2i$ 在复平面上对应的轨迹图像为_____。

【简解】

①设 $2^x=3^y=5^z=t$，分别取2、3、5为底的对数，解出 x、y、z，再用"比较法"比较 $2x$、$3y$、$5z$，得出 $3y<2x<5z$。

②A（-2，3）为 $t=0$ 时，所求点为 $t=\pm\sqrt{2}$ 时，即（-4，5）或（0，1）；

已知曲线为椭圆，$a=1$，$c=\sqrt{1+\dfrac{1}{k}}$，所以 $e=-\dfrac{1}{k}\sqrt{k^2+k}$；

③设 $z=bi$，则 $C=1-b^2+2i$，所以图像为从（1，2）出发平行于 x 轴向右的射线。

行动起来

你在解题的时候是否关注过方法和技巧？你是不是只关注解题答案，却忽视解题过程中的方法？你要把自己的思路和常用的解题方法联系起来（不要忽视自己的数学解题技巧），然后总结归纳，形成一套属于自己的解题思路。

8.4 思维方法记忆 ☆

高考中常用的数学思想：函数与方程思想、数形结合思想、分类讨论思想、转化（化归）思想。这些思想需和解题方法一起运用，尤其强调第一时间的思想定位。

数学问题千变万化，要想既快又准地解题，总用一套固定的方案是行不通的，必须具有思维的变通性——善于根据题设的相关知识，提出灵活的设想和解题方案。针对不同的问题找到适合的解题方法，通过解题掌握并记住解题方法和步骤，只有大脑中积累了各种解题思维方法，才能在考试中运用自如。

1. 提高思维变通性

（1）观察加深记忆。

感觉和知觉是认识事物的最初形式，而观察则是知觉的高级状态，是一种有目的、有计划、比较持久的知觉。观察是认识事物最基本的途径，它是了解问题、发现问题和解决问题的前提。

任何一道数学题，都包含一定的数学条件和关系。要想解决它，就必须依据题目的具体条件，对题目进行深入的、细致的、透彻的观察，然后透过表面现象分析其本质，这样才能确定解题思路，找到解题方法。

例如，求和 $\frac{1}{1\cdot2}+\frac{1}{2\cdot3}+\cdots\frac{1}{n(n+1)}$

这些分数相加，通分很困难，但每项都是两相邻自然数的积的倒数，且 $\frac{1}{n(n+1)}=\frac{1}{n}-\frac{1}{n+1}$，因此，原式等于 $1-\frac{1}{2}+\frac{1}{2}-\frac{1}{3}+\cdots\frac{1}{n}-\frac{1}{n+1}=1-\frac{1}{n+1}$，问题很快就解决了。

（2）联想加深记忆。

联想是问题转化的桥梁。稍有难度的问题，与基础知识之间的联系，都是不明显的、间接的、复杂的。因此，解题的方法怎样、速度如何，取决于能否灵活运用有关知识，对观察到的特征做相应的联想，将问题打开缺口，不断深入。

例如，解方程组 $\begin{cases}x+y=2\\xy=-3\end{cases}$。这个方程指明两个数的和为2，这两个数的积为-3。由此联想到韦达定理，x，y是一元二次方程

$t^2 - 2t - 3 = 0$ 的两个根，

所以 $\begin{cases} x = -1 \\ y = 3 \end{cases}$ 或 $\begin{cases} x = 3 \\ y = -1 \end{cases}$。可见，联想可使问题变得简单。

（3）通过转化强记忆。

数学思想是可变的，并不是死板的，有数学家说过数学解题是命题的连续变换。可见，解题过程是通过问题的转化才能完成的。转化是一种十分重要的解数学题的方法。那么怎样转化呢？概括地讲，就是把复杂问题转化成简单问题，把抽象问题转化成具体问题，把未知问题转化成已知问题。在解题时，观察具体特征，联想有关问题之后，寻求转化关系。

例如，已知 $\dfrac{1}{a} + \dfrac{1}{b} + \dfrac{1}{c} = \dfrac{1}{a+b+c}, (abc \neq 0, a+b+c \neq 0)$，求证 a、b、c 三数中必有两个互为相反数。

恰当的转化可以使问题变得熟悉、简单。要证明的结论可以转化为：$(a+b)(b+c)(c+a)=0$

思维变通性的对立面是思维的保守性，即思维定势。思维定势是指一个人用同一种思维方法解决若干问题后，往往会用同样的思维方法解决以后遇到的问题。它的表现就是记类型、记方法、套公式，使思维受到限制，它是提高思维变通性的极大障碍，必须加以克服。

综上所述，善于观察、善于联想、善于进行问题转化，是数学思维变通性的具体体现。要想提高思维变通性，必须作相应的思维训练。

2. 数学解题的思维过程

数学解题的思维过程是指从理解问题开始，经过探索思路，转换问题直至解决问题、进行回顾的全过程的思维活动。

在数学中，通常可将解题过程分为四个阶段。

（1）审题。

包括认清习题的条件和要求，深入分析条件中的各个元素，在复杂的记忆系统中找出需要的知识信息，建立习题的条件、结论与知识和经验之间的联系，为解题做好知识的储备。

（2）寻求解题途径。

有目的地进行各种组合的试验，尽可能将习题化为已知类型，选择最优解法，选择解题方案，经检验后作修正，最后确定解题计划。

（3）实施计划。

将计划的所有细节真正地付诸实现，通过已知条件与所选择的根据作对比后修正计划，然后着手叙述解答过程，并且书写解答与结果。

（4）检查与总结。

求得最终结果以后，检查并分析结果。探讨实现解题的各种方法，研究特殊情况与局部情况，找出最重要的知识。将新知识和经验加以整理使之系统化，并完善解题的记忆。

所以，审题阶段中理解问题是解题思维活动的开始。寻求解题途径阶段中转换问题是解题思维活动的核心，是探索解题方向和途径的积极的探索和发现过程，是思维策略的选择和调整过程。实施计划阶段中计划的实施是解决问题过程的实现，它包含了一系列基础知识和基本技能的灵活运用和思维过程的具体表达，是解题思维活动的重要组成部分。检查与总结阶段中反思问题往往容易为人们所忽视，它是发展数学思维的一个重要方面，是一个思维活动过程的结束，同时又是另一个新的思维活动过程的开始。

这里总结了一些解题探索途径，可以通过应用以下探索途径来训练和提高解题能力。

①研究问题的条件时，根据需要与可能的情况，可画出相应图形或思路图来帮助思考。因为这意味着你对习题的整个情境有了清晰的、具体的了解。

②清晰地理解情境中的各个元素。一定要弄清楚其中哪些元素是给定的，即已知的；哪些是所求的，即未知的。

③深入地分析并思考习题叙述中的每一个符号、术语的含义，从中找出习题的重要元素，要用直观符号在图中标出已知元素和未知元素，并试着改变一下题目中或图中各元素的位置，看看能否有重要发现。

④尽可能从整体上理解题目的条件，找出它的特点，联想以前是否遇到过类似题目。

⑤仔细考虑题意是否有其他不同理解。题目的条件有无多余的、互相矛盾的内容？是否还缺少条件？

⑥认真研究题目提出的目标。通过目标找出哪些理论的法则同题目或其他元素有联系。

⑦如果在解题中发现有你熟悉的一般数学方法，就尽可能用这种方法的语言表示题的元素，以利于解题思路的展开。

以上途径特别有利于解题者能迅速"登堂入室"，找到解题的起始点。

在制订计划寻求解法阶段，可以利用下面这些探索方法。

①设法将题目与你会解的某一类题联系起来。或者尽可能找出你熟悉的、最符合已知条件的解题方法。

②一定要记住，题的目标是寻求解答的主要方向。在仔细分析目标时可尝试用你熟悉的方法去解题。

③解了几步后可将所得局部结果与问题的条件、结论作比较。用这种办法检查解题途径是否合理，以便及时修正或调整。

④尝试能否局部地改变题目，换种方法叙述条件，刻意简化题的条件（也就是编拟条件简化了的同类题），再求其解；再试试能否扩大题目条件（编一个条件更一般的题目），并将与题有关的概念用扩大条件加以替代。

⑤分解条件，然后再尽可能将分解的条件重新组合，加深对条件的理解。

⑥尝试将题分解成一串相关联的辅助问题，依次解答这些辅助问题即可构成所给题目的解。

⑦研究题中某些部分的极限情况，考察这样会对基本目标产生什么影响。

⑧改变题中一部分，看对其他部分有何影响；依据上面的"影响"改变题的某些部分所出现的结果，尝试能否对题的目标作出一个

"展望"。

⑨万一用尽方法还是解不出来，你就从课本中或科普数学小册子中找一个同类题，研究分析其现成答案，从中找出解题的有益启示。

小试牛刀

（1）以下四个命题：① PA、PB是平面α的两条相等的斜线段，则它们在平面α内的射影必相等；② 平面α内的两条直线11、12，若11、12均与平面β平行，则α//β；③ 若平面α内有无数个点到平面β的距离相等，则α//β；④ α、β为两相交平面，且α不垂直于β，α内有一直线a，则在平面β内有无数条直线与a垂直。其中正确命题的个数是（B）。

A. 1个　　　B. 2个　　　C. 3个　　　D. 4个

点评：利用线与线、线与面、面与面的垂直和平行等关系，逐个分析。

（2）已知$\log_2(x+y) = \log_2 x + \log_2 y$，则$x+y$的取值范围是（D）。

A.（0，1）　B. [2，+∞]　　C.（0，4）　　D. [4，+∞）

点评：由$\log_2(x+y) = \log_2 xy$可知，$x+y$不小于$x+y$的算术平方根的两倍。

行动起来

你的数学思维是否确定？在解题的时候要关注到自己的思维方式，你要怎样训练数学能力呢？现在拿起一道题目，你能马上想到命题考核的知识点和解题突破口吗？尝试着运用脑中的数学思维方法，通过解题过程中的四个阶段的训练，找到正确的解题途径，掌握讲题的技巧和方法。

第 9 章
高中英语的记忆方法

　　高考英语要求我们有足够的词汇量和全面系统的语法知识，所以记忆在英语学习中非常重要。这里针对题型介绍单词、语法等的记忆方法，同时还提到一些题型的记忆技巧。通过高效的记忆方法，打下扎实的英语基础，应对不同题型的考核。

9.1　单词记忆 ☆

　　高中英语单词是整个英语学习的基础，如何掌握好每个单词的发音和书写是摆在我们面前的一个重要问题。

　　有几种记忆单词的方法。

1. 由音及形法

　　即弄清这个单词中的字母或字母组合的发音，根据读音写出相应的字母及字母组合。这样既可以使我们准确发音，又能较容易地记住单词拼写。

2. 联想法

　　利用词与词之间相似之处进行对比，利用词与词之间的差异进行分析辨认。这不仅能加深我们对新词的印象，还能同时巩固旧词。这是攻克高中英语单词的好方法。例如：

　　近形近音：plane—plant—plan—planet；

　　同义词：big—large、tall—hight、perhaps—maybe、find—look for；

　　反义词：heavy—light、left—right、return—borrow、big—small、long—short、same—different；

　　词的搭配：look at—look for—look up—look after。

3. 分类法

　　把学过的单词按其属性分门别类地串在一起记。例如：

　　季节：spring、summer、autumn、winter；

学科：English、maths、physics、history、Chinese；

颜色：red、yellow、white、black、green。

4. 近形规则

本书中的所谓"近形"，是指一个词与另一个词有相同的字母数，而只有一到两个位置的字母不同，其他字母排列位置、顺序都一样的现象，如果只有一个字母不同，则称为"一级近形词"，以此类推。

5. 构词法

英语中常见的构词法有派生法、曲折法、转类法、合词法和缩略法等。词汇的派生法是指通过词的前缀、后缀和词根来改变单词的意义和类型。辨别前缀和后缀对记忆词汇和理解词义非常有帮助。如：care加上后缀less，就能猜出careless；了解ness是名词后缀，就可以猜出carelessness意思。

又如，合词法是把不同的单词或相关部分结合在一起构成新词。这类词主要反映的是当前社会的新发明、新事物、新经验以及网络中出现的新词汇。这种构词法比较有趣味和幽默色彩，把两个词的声音和意义混在一起构成新词，只要掌握了旧词和组合规则，就较容易记忆新词。

学习和理解构词法中单词变形的特点，掌握了基本的构词法，学习者就可以根据已知去分析理解一个词的含义，便于扩大和巩固词汇量。深入理解和掌握构词法可以较好地提高词汇记忆和运用能力，并激发个人的学习兴趣。

词汇量是学好英语的关键，记忆英语单词需要一定的诀窍，找到正确的方法和技巧，才能更好地背诵记忆，提升词汇量。

行动起来

你是否从学习英语开始就进入单词记忆的"怪圈"中呢？如果一

直保持高效的状态就要将这种适合自己的方法延续下去，如果过去记忆效率不高就要有意识地训练，直到找到最佳的方法。你要给自己制定一些检测的方法，不能单纯地只是记忆。

9.2 语法记忆 ☆

高中的语法知识非常系统，但都分配在每一章节的课程中，所以我们要定期进行总结归纳，这样记忆起来才能达到效果，在运用的时候才能做到自如，所以对语法的记忆主要就是利用总结归纳记忆法。

小试牛刀

我们可以利用表格来总结归纳冠词的特点，冠词分为不定冠词（a，an）、定冠词（the）和零冠词，如表9-1至9-3所示。

表9-1　不定冠词的用法

指一类人或事，相当于a kind of	A plane is a machine that can fly.
第一次提及某人某物，非特指	A boy（有个男孩）is waiting for you.
表示"每一"相当于every，one	We study eight hours a day.
表示"相同"相当于the same	We are nearly of an age.
用于人名前，表示不认识此人或与某名人有类似性质的人或事	— Hello，could I speak to Mr. Smith? —Sorry，wrong number. There isn't＿＿＿Mr. Smith here. A. 不填　B. a　C. the　D. one That boy is rather a Lei Feng（活雷锋）.
用于固定词组	a couple of，a bit，once upon a time，in a hurry，have a walk，many a time
用于quite、rather、many、half、what、such之后	This room is rather a big one.
用于so（as，too，how）+形容词之后	She is as clever a girl as you can wish to meet.

续表9-1

用于抽象名词具体化的名词前	success（抽象名词）→a success（具体化）成功的人或事 a failure 失败的人或事，a shame 带来耻辱的人或事，a pity 可惜或遗憾的事，a must 必需（必备）的事，a good knowledge of 精通掌握某一方面的知识

表9-2　定冠词的用法

表示某一类人或物	In many places in China, _____bicycle is still popular means of transportation. A. a；the　B. /；a　C. the；a　D. the；the
用于世上独一无二的事物名词前	the universe，the moon，the Pacific Ocean
表示说话双方都了解的或上文提到过的人或事	Would you mind opening the door?
用于演奏乐器	play the violin，play the guitar
用于形容词和分词前表示一类人	the reach，the living，the wounded
表示"一家人"或"夫妇"（对比表9-1中的不定冠词用法）	Could you tell me the way to_____ Johnsons, please? Sorry，we don't have_____Johnson here in the village. A. the；the　B. the；a　C. /；the　D. the；/
用于序数词和形容词副词比较级、最高级前	He is the taller of the two children.
用于国家、党派等以及江河湖海、山川群岛的名词前	the United States，the Communist Party of China，the French
用于表示发明物的单数名词前	The compass was invented in China.
在逢十的复数数词之前，指世纪的某个年代	in the 1990's（20世纪90年代）
用于表示度量单位的名词前	I hired the car by the hour.
用于方位名词、身体部位名词	He patted me on the shoulder.

表9-3 不用冠词（又名零冠词）的用法

专有名词，物质名词，抽象名词，人名地名等名词前	Beijing University，Jack，China，love，air
名词前有this、my、whose、some、no、each、every等限制	I want this book，not that one. Whose purse is this?
季节、月份、星期、节假日、一日三餐前	March，Sunday，National Day，spring
表示职位、身份、头衔的名词前	Lincoln was made President of America.
表示球类、棋类等运动的名词前	He likes playing football/chess.
与by连用表示交通方式的名词前	We went right round to the west coast by_____sea instead of driving across _____continent. A. the；the B.不填；the C. the；不填 D. 不填；不填
以and连接的两个相对的名词并用时	husband and wife，knife and fork，day and night
表示泛指的复数名词前	Horses are useful animals.

行动起来

要好好总结归纳，弥补自己在语法上的漏洞，然后掌握对应的语法知识。你可以找专门的语法书，因为高中接触的语法知识基本囊括了我们英语运用中的所有内容。如果对某个语法知识不太懂，你就把这部分的语法系统地重新复习一遍吧，然后认真归纳总结，并多看多读来强化记忆，就会全面掌握语法知识。

9.3 阅读解题记忆

阅读理解的记忆并不是把阅读文章记下来，而是把阅读中的解题方法记下来。在考试中我们要想很好地做到正确解题，一是需要在有限的时间里完全理解文章，并读懂题意；二是根据题设定位答案位置，快速锁定答案。前者要求我们有较强的英语综合能力，这个难度很大，也需要长期的积累；后者则需要我们掌握阅读理解的题目特点，找到解题的思维方式。

阅读理解题的选材及命题特点是我们在记忆阅读理解时对于背景的一种把握，所以在审题以及解题的时候能大概了解其需要，并且能从题材的特点上看出相应的出题趋势。

1. 选材体现灵活性和多样性

阅读材料中文体形式很多，比如叙述体、论说体和应用体等，不同文体在结构以及语言上是有一定差别的；选材的特点各有涉及，一般一套试卷里会出现政治、经济、文化和社会多方面的主题，关键是学生能否理解英语环境下的文化背景。

2. 理解能力要求高

英语阅读理解更多考核的是我们在阅读过程中的综合能力，即对语篇的整体把握能力、根据所提供语境进行语篇分析的能力以及综合利用有效信息解决实际问题的能力。为了测试学生的阅读能力，现在的题型大多都不是直接从文章中找到答案这么简单，而是通过词义猜测、推理判断和主旨概括等深层次地分析才能找到正确答案。

3. 训练时要因能力而选题

阅读理解的日常训练不要求难度有多大（超纲词汇的量要适当），现在的出题趋势是词汇难度系数有所降低，但在综合的理解上难度有所增强。我们日常训练时要找真题或者有针对性的模拟题进行自我测试，给自己设定一个有限的时间节点，然后进行获取阅读材料、分辨题型类型、整合材料信息以及加工组织表述语言能力方面的训练。

4. 重视提问类型的总结

阅读材料可以有多种形式，但是出题的方式基本都是一致的，所以我们要关注文章中容易出题的点，有时候一些标志式的语言或者一些写作方式都成为出题的关键点。审题过程中最关键的就是针对问题能快速定位关联答案的位置，然后结合对文章的理解找到正确答案。有时候一词多义、熟词生义、多种时态的混用、结构复杂的长句、省略句以及插入语等语言现象会给我们带来干扰，所以在阅读中要训练自己理解这些难点的能力。

从解答的需要上我们可以总结一些答案设置的模式，这能让我们的大脑有针对性地进行判断，当训练次数多了之后就会有这样一种"直觉"：只要看到某一个选项，即使没有从文中确认答案，也能凭感觉发现其就是正确答案。

答案设置模式最常见的就是选用原文中的词句，只要是回答提问的一般就是答案；稍微有变动的就是使用原文词句中的同义词或者相似结构，或者反过来使用其反义词或者相反结构；还有针对文章中的生词、长句、难句进行解释分析的答案项；再进一步的就是对原文词句或者段落有一个归纳总结、推理解释的；最后就是结合全文的内容，对一些问题进行高度概括的答案项。

记住这些阅读理解中的问题，在学习过程中就能有针对性地找到准确答案，而不是盲目地读着可能很难理解的文章，不知道具体的方向在哪里。所以，英语阅读理解一方面考验我们的是词汇量，而另一方面更考验我们的是解题的技巧。

小试牛刀

阅读理解中要找到一些题眼或者指示性强的"信号词"，然后根据这些词去找到答案，比如这里提到的指定段落有a man，one man，such as等信号词时，可以很快定位到合适的位置。

【2012江西卷D篇】

Yet some people wonder if the revolution in travel has gone too far. A price has been paid, they say, for the conquest（征服）of time and distance. Travel is something to be enjoyed, not endured（忍受）. The boat offers leisure and time enough to appreciate the ever-changing sights and sounds of a journey. A journey by train also has a special charm about it. Lakes and forests and wild, open plains sweeping past your carriage window create a grand view in which time and distance mean nothing. On board a plane, however, there is just the blank blue of the sky filling the narrow window of the airplane. The soft lighting, in-flight films and gentle music make up the only world you know, and the hours progress slowly.

...

72. How does the writer support the underlined statement in Paragraph2?

A. By giving instructions.

B. By analyzing cause and effect.

C. By following the order of time.

D. By giving examples.

【2012全国新课标D篇】

One explanation is the law of overlearning, which can be stated as follows: Once we have learned something, additional learning trials（尝试）increase the length of time we will remember it.

In childhood we usually continue to practice such skills as swimming, bicycle riding and playing baseball long after we have learned them. We continue to listen to and remind ourselves of words such as "Twinkle, twinkle, little star" and childhood tales such as Cinderella and Goldilocks. We not only learn but overlearn.

The multiplication tables（乘法口诀表）are an exception to the general rule that we forget rather quickly the things that we learn in school, because they are another of the things we overlearn in childhood.

...

68.The author explains the law of overlearning by_____.

A. presenting research findings

B. setting down general rules

C. making a comparison

D. using examples

行动起来

你要习惯做完阅读理解后校对时关注其出题的目的，并好好解读解析内容，从而确认答案的正确性。此刻的你可以拿出一篇阅读理解，给自己设定10分钟的时间来完成这篇阅读，紧跟着注意分析一下出题目的。然后对答案，看看自己的正确率。同时还要关注自己解题的模式，分析错的题错在哪里，对的题是否真正理解，通过训练提升阅读能力。

9.4　出题模式记忆 ☆

高考英语出题模式的记忆是指通过寻找命题的真正原因，掌握和了解考核的目的。目前高考常见的题型是语法运用、阅读理解、完形填空、听力理解以及作文等，这些出题模式通过总结是可以找到规律的。

在听力方面，高考要求并不是很高，主要是能听出常用的生活学习用语，对于常考的场景有一个系统的认识，掌握考试中容易设置陷阱的地方。根据我们了解的出题模式加强联系，对于考试中出现的英语口音，保持每天的记忆训练，听力就会明显提高。

在语法方面，主要出题在单项选择、改错以及完形填空，其中完形填空是难度比较大的题型，因为中间会出现很多需要高度辨析的考点，这时需要做到分类对比，强化其中的英语知识，自然就能正确地答题。

1. 出题模式的干扰项

阅读理解的出题模式一般会设置一些干扰项。

干扰项的设置通常有以下几种方式。

（1）无中生有。

干扰项往往是生活中的基本常识和普遍接受的观点，但在原文中并无相关的信息支持点，这种选项的设置往往与问题的设问毫不相干。

（2）以偏概全。

我们在做猜测文章中心思想、给文章添加标题或判断推理题时，往往会犯以偏概全的错误。产生这类错误的原因是我们受思维定势的影响或考虑不周，以局部代替整体。其具体表现为合理关联与不合理关联、准确概括与不准确概括之间的错位。

（3）偷梁换柱。

干扰项用了与原文相似的句型结构和大部分相似的词汇，却在不易引人注意的地方换了几个词汇，造成句意的改变。

（4）张冠李戴。

出题人把文章作者的观点与他人的观点混淆起来，题干问的是作者的观点，选项中出现的却是他人的观点；或者题干问的是他人的观点，却把作者的观点放到选项中。

不合理关联就是表层理解与深层理解相混淆。表层理解是对文章中客观事实的感知和记忆，往往是文章直接表述的结论；深层理解则是对文章中的客观事实进行逻辑推理、总结或概括后得出的结论。

2. 不同题型的解题方法

无论出题模式是怎样的，我们都有合适的方法来应对，只要在审题过程中能正确判断其出题的思路，那么很多时候利用一些解题技巧我们能快速地找到正确答案。

下面介绍一些针对不同题型的解题方法。

（1）正选法与排除法。

正选法即根据所读材料内容从正面选择最佳答案。如果在有些情况下从正面选择答案有困难，我们可以考虑选用排除法，即排除四个选项中的三个错误选项，那么剩下的选项即为正确答案。排除法是解答阅读理解题的常用方法，对于那些不合情理或荒谬的选项、与短文内容相反的选项、与短文内容不相关的选项、虽在短文中出现但答非所问的选项，以及不是问题主要因素的选项等，都可以采用排除法。

在排除干扰项的时候我们可以用"三步思考"的方法，其实在很多时候我们已经开始这么操作。要判断干扰项是否与文章矛盾，如果答案是肯定的，那么直接排除；要判断干扰项和文章内容不矛盾，但是在原文中没有依据，脱离文章大意的也可以排除；如果干扰项有依据也有逻辑，但是不能完全满足题目要求，或者答非所问，这样的选项也可以排除。

（2）概括法与推理法。

概括法指根据所读材料概括文章主题、要点、标题和中心思想等；而推理法则指根据所读材料的字面意思，通过语篇的逻辑关系以及各个细节的信息和暗示，推敲作者的态度，理解文章的寓意，悟出作者的言外之意和弦外之音。

我们在运用推理法时首先要吃透文章的字面意思，从字里行间捕捉有用的提示和线索；然后再对文字的表面信息进行挖掘和加工，由表及里，由浅入深，从具体到抽象，从特殊到一般，通过分析、综合和判断等思维活动对文章进行深层处理以及合乎逻辑的推理。此时切忌就事论事、以偏概全，也不能主观臆想、随意揣测，更不能以自己的观点代替作者的观点。

（3）定位法与跳读法。

定位法即根据题干和选项所提供的信息直接从原文中找到相应的句子（即定位），然后进行比较和分析（尤其要注意一些同义转换），从而找出正确答案。跳读法即根据题干和选项所提供的信息跳读原文，并找到相关的句子（有时可能是几个句子）或段落，然后进行分析和推理等，从而找出正确答案。

（4）常识法与背景法。

常识法是我们利用已有的常识进行识别和判断的方法。背景法与常识法相似，是指我们充分运用所读材料的信息，分析材料背景，加深对问题的理解，准确答题。

（5）画图与列表法。

画图法就是以时间、地点、事件或因果等为线索，找出关键词语，勾画出一幅完整、清晰的关于文章主题和细节图示的方法。列表法是根据题意将符合题意的条件、因素列入表格中，以此推出答案。

小试牛刀

解题的时候要养成了解出题模式，掌握命题目的的习惯，这样就知道在选项中如何取舍了。所以从出题模式出发，即使有不认识、不理解的单词或者语法，也能准确找到正确答案。

Inky 50 to the bedroom door and scratched   51   until Brenda opened it. Then Inky led her to the 52 Brenda found her husband 53 the stairs and called 911. Kruger was rushed to the hospital.

50. A. walked　　B. ran　　　　C. returned　　D. withdrew

51. A. rapidly　　B. suddenly　　C. madly　　　D . urgently

53. A. at the bottom of

    B. in the middle of

    C. at the top of

    D. in the front of

看到rushed后就知道很匆忙，故第50空纠结选哪个选项时，通过同现校正答案，就不能误选C了，ran与rushed同现；第51空是C还是D呢？Inky是猫，madly更贴切；第53空，叫911送医院了，说明掉楼梯底下了。

行动起来

你是否总结分析过自己在解题中出现的问题，有时候并不是基础知识积累不够，而是没有理解出题人的想法。你要好好归纳下每一次出错的原因，不要只是记答案，更加注重记忆掌握出题模式和解题方法。

9.5 作文的万能公式 ☆

在英语写作中，如果记忆方法正确就能很快提高成绩，因为英语作文的写作模式规律性很明显。我们要找到合适的万能公式。

1. 八种常用的写作句型

从写作中会遇到的结构和内容出发，我们先介绍八种对写作有利的句型。

（1）开头句型。

- As far as ...is concerned　就……而言；
- It can be said with certainty that... +从句　　可以肯定地说……；
- As the proverb says，正如谚语所说的，可以用来引用名言名句；
- It has to be noticed that... 它必须注意到……；
- It's generally recognized that... 它普遍认为……；
- It's likely that ... 这可能是因为……；
- It's hardly that... 这是很难的……；
- There's no denying the fact that...毫无疑问，无可否认……；
- Nothing is more important than the fact that... 没有什么比这更重要的是……；
- what's far more important is that... 更重要的是……。

（2）结尾句型。

- I will conclude by saying... 最后我要说……;

- Therefore, we have the reason to believe that...因此，我们有理由相信……;

- All things considered(In a word或In conclusion)总而言之;

- It may be safely said that...它可以有把握地说……;

- Therefore, in my opinion因此，在我看来;

- From what has been discussed above，we may safely draw the conclusion that....通过以上讨论，我们可以得出结论……;

- The data/statistics/figures lead us to the conclusion that…通过数据我们得到的结论是……;

- It can be concluded from the discussion that...从中我们可以得出这样的结论……;

- From my point of view, it would be better if...在我看来，如果……也许更好 。

（3）衔接句型。

- A case in point is … 一个典型的例子是……;

- But the problem is not so simple. Therefore+句子 然而问题并非如此简单，所以……;

- But it's a pity that... 但遗憾的是......;

- In spite of the fact that...尽管事实……, In spite of 尽管;

- Further, we hold opinion that... 此外，我们坚持认为……;

- However, the difficulty lies in+名词或者动名词 然而，困难在于……;

- Similarly, we should pay attention to... 同样，我们要注意……;

- As it has been mentioned above...正如上面所提到的…… （可以用来对前面所说的话进行补充说明）;

- In this respect 从这个角度上 。

（4）举例句型。

- Here is one more example 这里有不止一个的例子；

- Take ... for example 就拿……为例子；

（5）常用于引言段的句型。

- Some people think that... 有些人认为……；

- To be frank, I can not agree with their opinion for the reasons below. 坦率地说，我不能同意他们的意见，理由如下；

- I believe the title statement is valid because... 我认为这个论点是正确的，因为……；

- I cannot entirely agree with the idea that 我无法完全同意这一观点的说法……

- Along with the development of..., more and more...随着……的发展，越来越多……；

- It is commonly/generally/widely/ believed /held/accepted/ recognized that... 它通常是认为……；

- As far as I am concerned, I completely agree with the former/ the latter.就我而言，我完全同意前者/后者的观点。

（6）表示比较和对比的常用句型和表达法。

- A is completely different from B. A和B完全不同；

- The difference between A and B is lies in +名词或者动名词 A和B不同的地方是……；

（7）演绎法常用的句型。

- There are several reasons for ..., but in general, they come down to three major ones.有几个原因……，但一般，他们可以归结为三个主要的；

- Many ways can contribute to solving this problem, but the following ones may be most effective.有很多方法可以解决这个问题，但下面的可能是最有效的（可以用在保

护环境等话题的作文）；

- Generally，the advantages can be listed as follows.一般来说，这些优势可以列举如下；

- The reasons are as follows. 理由如下（可以用来列举理由原因）。

（8）因果推理法常用句型。

- Because/Since we read the book，we have learned a lot. 由于阅读这本书，我们已经学到了很多；

- If we read the book，we would learn a lot. 如果阅读这本书，我们将学会很多东西；

- We read the book, as a result / therefore / thus / hence/ consequently/ for this reason / because of this，we've learned a lot.由于阅读这本书，我们已经学到了很多；

- As a result of /Because of/Due to/Owing to reading the book，we've learned a lot. 由于阅读这本书，我们已经学到了很多。

2. 九种常用的作文框架

不同的作文要求也会有不同的作文框架，我们要记忆的就是这些作文的结构，然后将前面的句型融入其中。

（1）图表作文框架。

As is shown by the figure/percentage in the table（graph/picture/pie/ chart）has been on rise/ decrease （increases/drops/decreases）...（有表格或图像可以看出……），significantly/dramatically/steadily rising/ decreasing from ＿＿＿ in ＿＿＿ to ＿＿＿ in ＿＿＿＿ . From the sharp/ marked decline/ rise in the chart, it goes without saying that...(毫无疑问的看出……).

There are at least two good reasons accounting for...（这里至少有两个原因可以对……作出解释）. On the one hand, ...（一方面，……）. On the other hand, ...is due to the fact that... （另一方面的原因是……）.In addition...（而且……） is responsible for.... Maybe there are some other reasons to show ...（也许有其他原因要展示……）.But it is generally believed that the above mentioned reasons are commonly convincing.　As far as I am concerned，I hold the point of view that... I am sure my opinion is both sound and well-grounded.

（2）书信作文模板。

Dear ×××，（亲爱的×××），

I am extremely pleased to hear from you（我很高兴收到你的来信）. And I would like to write a letter to tell you that...（我很高兴写封信告诉你……）. I will greatly appreciate a response from you at your earliest convenience/I am looking forward to your replies at your earliest convenience（我希望你可以在空闲的时候尽快给我回信）.

Best regards for your health and success(祝你身体健康万事如意).

Sincerely yours，

×××(你最真诚的×××)

（3）话题作文。

Nowadays(现在)，there are more and more... in +名词……（在……方面有越来越多的……）. It is estimated that...（据估计……）. Why have there been so many...（为什么有这么多……）Maybe the reasons can be listed as follows（也许原因如下……）. The first one is...（第一个原因是……）.Besides...（而且……）. The third one is...（第三个原因是……）.To sum up（总之），the main cause of it is due to...（最主要的原因是……）. It is high time that something were done upon it（是时候我们来改善它了）. For one thing，...（一方面，我们可以做……）. For another thing，...（另一方面，我们可以……）. All these measures will certainly reduce the number of ...（所有的这些措施都可以确切的减少……）.

（4）对比观点作文。

要求论述两个对立的观点并给出自己的看法。通常用"有一些人认为……；另一些人认为……；我的看法……"的结构叙述。

The topic of +名词或者动名词或者名词性从句+is becoming more and more popular recently（最近……话题已经越来越受热议）. There are two sides of opinions about it （关于这个话题有两方面的观点）.Some people say A is their favorite（一些人说A观点是他们最支持的）. They hold their view for the reason of ...（支持A的理由一是……）.What is more，...（并且理由二是……）. Moreover，...（还有理由三是……）.

While others think that B is a better choice in the following three reasons（其他一些人认为在以下三个原因下B观点是更好的选择有以下三个原因）.Firstly，...（首先支持B的理由一是……）. Secondly （besides），...（其次理由二是……）. Thirdly （finally），...（最后理由三是……）.

From my point of view（以我而言），I think...（我认为……）. The reason is that+从句（原因是……）. As a matter of fact（事实上），there are some other reasons to explain my choice（还有一些其他的原因可以解释我的选择）. For me（对我而言），the former is surely a wise choice（前者的选择确实很明确）.

Some people believe that（一些人相信……）. For example（例如），they think+从句（他们认为……）.And it will bring them ...（为他们带来……的好处）.

In my opinion（在我看来），I never think this reason can be the point（我从没想过这些是支持……的原因），For one thing，...（我不同意该看法的理由一是……）. For another thing，...（我反对的理由二是……）.

Form all what I have said（根据以上我所说的），I agree to the thought that ...（我同意……的观点）.

（5）阐述主题题型。

要求从一句话或一个主题出发，按照提纲的要求进行论述。

● 阐述名言或主题所蕴涵的意义；

● 分析并举例使其更充实。

The good old prover ...（名言或谚语）reminds us that ...（古老的名言谚语告诉我们……）.Indeed（的确），we can learn many things form it（我们可以从那些名言学到很多东西）.

First of all，...（首先我们可以学到……）. For example，...（例如……）. Secondly，...（第二我们可以学到……）. Another case is that（另一个例子为……）. Furthermore，...并且（理由三）.

（6）解决方法题型。

要求我们列举出解决问题的多种途径。

● 问题现状；

● 怎样解决（解决方案的优缺点）。

In recent days（最近），we have to face the problem（我们需要面对这样一个问题），which is becoming more and more serious（这个问题变得越来越严重）. First...（首先……）.Second，...（第二……）（举例进一步说明现状）.

Confronted with A（面对A的那种现状），we should take a series of effective measures to cope with the situation（我们需要采取一些有效的措施来处理这种情况）.For one thing，...（一方面我们可以……）. For another thing，...（另一方面，我们可以 ……）. Finally，...（最后，我们可以 ……）.

Personally...（个人而言），I believe that...（我相信……）（提出我的解决方法）. Consequently（因此），I'm confident that a bright future is awaiting us because +从句 （我相信我们将迎来美好的未来，因为 ……）.

（7）分析现状型。

这种题型往往要求先说明一下现状，再对比事物本身的利弊，有时也会单从一个角度（利或弊）出发，最后往往要求我们表明自己的态度（或对事物前景提出预测）。

● 说明事物现状；

- 事物本身的优缺点（或一方面）；
- 你对现状（或前景）的看法 。

Nowadays many people prefer A because it has a significant role in our daily life（当今，许多人更喜欢A，因为他在我们日常生活中扮演着一个重要的角色）. Generally（一般来说），its advantages can be seen as follows（它的优点如下）. First（首先）...（A的优点之一……）. Besides（而且）...（A的优点之二……）.

But every coin has two sides...（但是任何事物都有两面性）. The negative aspects are also apparent（它的负面也是很明显的）. One of the important disadvantages is that（其中一个重要的缺点是……）（A的第一个缺点）. To make matters worse, ...（更重要的缺点是……）（A的第二个缺点）.

Through the above analysis（通过以上数据的分析），I believe that the positive aspects overweigh the negative ones（我相信它利大于弊）. Therefore（因此），I would like to（我将做……）（我的看法）.

From the comparison between these positive and negative effects of A（通过对A的好的方面和坏的方面作比较），we should take it reasonably and do it according to the circumstances we are in（我们应该理性地看待它并且根据我们所处的实际环境来处理它）. Only by this way，we can do it better（只有通过这样的方式，我们才可以更好地处理它）（对前景的预测）.

（8）现象说明文。

Recently (最近)，what amazes us most is...（让我最惊奇的是……）. There are many reasons explaining（这里有很多理由可以解释它……）. The main reason is...（最主要的原因是……）. what is more，（并且……），thirdly, ...（第三……）. As a result，...（结果……）. Considering all there, ...（考虑到以上所有的原因……）. For one thing, ...（一方面……）for another thing, …（另一方面……）. In Conclusion…（总之……）.

（9）议论文的框架。

● 不同观点列举型（选择型）

There is a widespread concern over the issue that +作文题目（这是一个广受关注的话题……）. But it is well known that the opinion concerning this hot topic varies from person to person（但这个热点话题通过人们的口头相传后已经变得越来越受关注）. A majority of people think that +观点（大多数的人认为……）. In their views there are 2 factors contributing to this attitude as follows（让他们产生这种观点的2个要素如下）：In the first place, …（原因一……）. Furthermore（并且）in the second place, …（原因二……）. So it goes without saying that +观点（所以不用说……）.

People，however（但是）, differ in their opinions on this matter（对这件事有不同的看法）. Some people hold the idea that +观点二（一些人的观点是……）. In their point of view（在他们看来），on the one hand, …（一方面……）. On the other hand, …（另一方面……）. Therefore（因此），there is no doubt that…（毫无疑问……）.

As far as I am concerned（在我看来），I firmly support the view that…（我更加坚定地支持……）. It is not only because…but also because…(它不只是因为……也是因为……）. The more…, the more…（只有更……才能更……）.

● 利弊型的议论文

Nowadays，there is a widespread concern over（the issue that）+作文题目. In fact（事实上），there are both advantages and disadvantages in…(都有好和坏的一面……). Generally speaking（一般来说），it is widely believed there are several positive aspects as follows（有以下几个让我们肯定的方面）. Firstly, …（首先……）. And secondly…（其次……）.

Just As a popular saying goes，"every coin has two sides"（就如一句谚语所言，任何事物都有两面性）....is no exception，（……议题也不例外），and in another word（换句话说），it still has negative aspects（它也有不好的一面）.To begin with, ...（首先……）. In addition，...（另外……）.

To sum up(总之)，we should try to bring the advantages of +讨论议题+ into full play(我们应该尽力利用它好的一面) and reduce the disadvantages to the minimum at the same time(同时尽可能地避免它的缺点). In that case(只有这样)，we will definitely make a better use of the...（我们才能更加明确地利用好……）.

- 答题性议论文

Currently，there is a widespread concern over （the issue that）+作文题目 .It is really an important concern to every one of us. As a result，we must spare no efforts to take some measures to solve this problem.

As we know that there are many steps which can be taken to undo this problem. First of all，...（途径一……）. In addition，another way contributing to success of the solving problem is...（途径二……）.

Above all（综上所述），to solve the problem of +作文题目（解决问题的办法是……），we should find a number of various ways（我们应该寻找更多的渠道）. But as far as I am concerned（但依我而言），I would prefer to solve the problem in this way(我更喜欢用这种方法解决问题)，that is to say, ...（就是说……）.

小试牛刀

【2016浙江高考英语卷】

书面表达（满分30分）

"Planning is good，but doing is better"是一句英国名言。请以此为题目用英语写一篇100～120词的短文。

要求如下：

1.简述你对这句名言的理解；

2.用一个具体事例加以说明；

3.给出恰当的结尾。

注意：

1.文章的标题已给出（不计词数）：

2.文中不得以任何形式透露地区、学校、老师或同学姓名等真实信息，否则按作弊行为认定。

范文：Planning Is Good，But Doing Is Better

Planning is good as it decides in detail how we do. However，a plan can bear no fruit without being actually carried out.

My experience in the English speech contest last October is a case in point. A month before the event，I Spent hours working out a schedule outlining my goals and practical steps. After that，I set out to read widely for an inspiring topic，wrote a speech，and practiced its delivery in beautiful pronunciation with good public speech skills. I finally came out of the contest as the first prize winner.

I know how I achieved my success. It came from good planning and better doing combined.

行动起来

你现在要做的就是把前面介绍的词句和作文模板结构多加诵读练习，加强记忆，然后掌握自己最习惯的几套作文模板。注意不能过于死板地套模板，要灵活变通，形成最合适自己的英语作文表述方式。经过这样训练，短时间内提高英语写作能力是大有可能的。

第10章
高中理综的记忆方法

　　高考理综包括物理、化学、生物三门学科，涉及记忆的内容也很多，其中包括理科中的基本概念和基础知识，解题技巧、题型的设置和变形等。

　　理综的知识点掌握依靠的是理解和应用，在记忆过程中首先要理解公式、定理等记忆的内容，其次可以采用一些特殊的记忆方法来提高记忆的效果。

10.1 推理记忆 ☆

推理记忆法在学习公式、定理的过程中非常有用，尤其是运用已经学习和掌握的知识进行推导的时候更需要这样的记忆方法，因为在考试过程中也需要用这种推理思维去解题。

由于理综学科中有很多公式，如果死记硬背往往造成错乱或者记忆时效短。如果学会推理记忆，在需要运用知识时可以从已知的、简单的公式和定理出发推导出那些复杂或者比较不容易记住的公式和定理。

而且很多公式之间是相互关联的，只要我们能真正理解这些公式定理表示的含义，灵活运用，用最简单基础的公式就能推导出与之相关的所有公式。其实很多公式的最初发现也是通过这些基础公式推导得到的。在记忆过程中推理记忆的优点就是记忆的内容少，便于理解和运用。

小试牛刀

动能：物体由于运动而具有的能，可以通过做功来推导，其过程如下：

$$\left.\begin{array}{l} E_k = FS \\ F = ma \\ S = \dfrac{v^2}{2a} \end{array}\right\} \Rightarrow E_k = \dfrac{1}{2}mv^2$$

动量：表示为物体的质量和速度的乘积，是与物体的质量和速度相关的物理量，指的是运动物体的作用效果。推导过程如下：

$$\left.\begin{array}{l} F = ma \\ a = \dfrac{v_2 - v_1}{t} \end{array}\right\} \Rightarrow F = m\dfrac{v_2 - v_1}{t} \Rightarrow Ft = mv_2 - mv_1$$

10.2 口诀记忆 ☆

口诀记忆是利用朗朗上口的歌词或者口诀进行快速记忆的方法，但是基础在于理解，就是当我看到口诀中的文字时就能马上联想到相关的知识点，所以，通过对知识特点的理解和认识来编写口诀，就会记得更快。当我们运用这些口诀的时候，就能很快想起口诀编写时自己对内容的理解。一般理科中出现的公式或者文字等都能成为口诀元素，关键是看能不能找到规律。

口诀记忆绝对不是死记硬背，这是一种理解性记忆，即使通过口诀记忆无法把所有内容都记下来，但是在运用的时候能自然地通过口诀解题，这就是口诀记忆需要达到的境界，让口诀"深入人心"，在解决问题时能灵活运用。

小试牛刀

化学很多知识点都是需要记忆的，因此编成口诀会方便很多。这里总结了几个常用的化学口诀。

（1）常见元素的主要化合价

氟氯溴碘负一价，正一氢银与钾钠；氧的负二先记清，正二镁钙钡和锌。

正三是铝正四硅，下面再把变价归；全部金属是正价，一二铜来二三铁。

锰正二四与六七，碳的二四要牢记；非金属负主正不齐，氯的负一正一五七。

氮磷负三与正五，不同磷三氮二四；有负二正四六，边记边用就会熟。

一价氢氯钾钠银，二价氧钙钡镁锌，三铝四硅五氮磷，二三铁二四碳，二四六硫都齐全，全铜二价最常见。

（2）常见根价的化合价

一价铵根硝酸根，氢卤酸根氢氧根；高锰酸根氯酸根，高氯酸根醋酸根。

二价硫酸碳酸根，氢硫酸根锰酸根；暂记铵根为正价，负三有个磷酸根。

（3）燃烧实验现象口诀

氧气中燃烧的特点：氧中余烬能复燃，磷燃白色烟子漫，铁燃火星四放射，硫蓝紫光真灿烂。

氯气中燃烧的特点：磷燃氯中烟雾茫，铜燃有烟呈棕黄，氢燃火焰苍白色，钠燃剧烈产白霜。

（4）氢气还原氧化铜实验口诀

氢气早出晚归，酒精灯迟到早退。

氢气检纯试管倾，先通氢气后点灯；黑色变红水珠出，熄灭灯后再停氢。

（5）过滤操作实验口诀

斗架烧杯玻璃棒，滤纸漏斗角一样；过滤之前要静置，三靠两低不要忘。

（6）酸碱中和滴定的操作步骤和注意事项口诀

酸管碱管莫混用，视线刻度要齐平；尖嘴充液无气泡，液面不要高于零。

莫忘添加指示剂，开始读数要记清；左手轻轻旋开关，右手摇动锥形瓶。

眼睛紧盯待测液，颜色一变立即停；数据记录要及时，重复滴定求平均。

误差判断看V（标），规范操作靠多练。

（7）气体制备

气体制备首至尾，操作步骤各有位，发生装置位于头，洗涤装置紧随后，除杂装置分干湿，干燥装置把水留；集气要分气和水，性质实验分先后，有毒气体必除尽，吸气试剂选对头。

装置有时少几个，基本顺序不可丢，偶尔出现小变化，相对位置仔细求。

（8）制氧气口诀

二氧化锰氯酸钾，混合均匀把热加；制氧装置有特点，底高口低略倾斜。

实验先查气密性，受热均匀试管倾；收集常用排水法，先撤导管后移灯。

（9）集气口诀

与水作用用排气法，根据密度定上下；不溶微溶排水法，所得气体纯度大。

（10）电解水口诀

正氧体小能助燃，负氢体大能燃烧。

（11）金属活动顺序表口诀

钾钙钠镁铝锰锌、铬铁镍、锡铅氢，铜汞银铂金。

（12）盐类水解规律口诀

无"弱"不水解，谁"弱"谁水解；

愈"弱"愈水解，都"弱"双水解；

谁"强"显谁性，双"弱"由K定。

（13）盐类溶解性表规律口诀

钾、钠铵盐都可溶，硝盐遇水影无踪；

硫（酸）盐不溶铅和钡，氯（化）物不溶银、亚汞。

（14）化学反应基本类型口诀

化合多变一（A+B→C），分解正相逆（A→B+C），复分两交换（AB+CD→CB+AD），置换单质（A+BC→AC+B）。

（15）短周期元素化合价与原子序数的关系口诀

价奇序奇，价偶序偶。

（16）化学计算

化学式子要配平，必须纯量代方程；单位上下要统一，左右倍数要相等。

质量单位若用克，标况气体对应升；遇到两个已知量，应照不足来进行。

含量损失与产量，乘除多少应分清。

10.3　图示记忆 ☆

　　图形示意在理综学习和记忆中发挥着重要的作用，甚至有些知识点没有图形示意很难理解和掌握。在记忆过程中一定要利用图形来加深和巩固知识。

　　理综三门学科中很多知识点之间有一定的联系，很容易记混淆。如果硬记各自的特点，效果往往不好；借助图形识记来记忆，就有很好的效果。

　　图示记忆法的主要特征是"形象性强"。它比文字记忆效果要好，它以象征性的图形表示抽象的概念原理或事物的本质特征，使人直观地感知识记材料；它还以简单的线条、简洁的文字或简明的数字使复杂的、不易表述清楚的识记材料变得直观明了，一目了然。

　　图示记忆有很多类型，有直接反映知识点的图形，有梳理知识点关系的图形，有归纳解题模型的图形，还有显示逻辑规律的图形等。以直观图示和逻辑关系图示为例，具体看看整个图示设计方法。

　　直观图示的设计是有一定步骤的。首先，要知道记忆内容的整体情况，选择一个比较容易记忆的图形来作为整体框架；其次，要针对记忆的材料设计图形关系，或者结合知识概念原理以及相关的例子形成一个图形体系；再次，就是在图形的基础上确定标注的语言，一定要做到一目了然，清楚明白；最后，就是能表述清楚图形之间的逻辑，以及整体图形的特点。

　　这种方法的设计基本就是图形和线条，尽量让人看得清楚，不能模棱两可，更不能出现错误，在绘制的时候需要反复斟酌，其实每一次复习都可以进行充分的补充。在绘制图形的时候还要注意一些技巧。首先，要重视严密的科学性，就是记录的内容一定要正确和准确；其次，要有冲击性，也就是图形能形象和直观，让大脑一下子接受；再次，就是对于线条的运用要灵活有序，比如波浪线、直线、双划线等，都可以在图形中显示，但是每一种线条的运用要统一和规范；最后，文字要简洁，甚至可以不用文字，仅用数字。

小试牛刀

　　物理学习中我们需要记住常见的磁场，如果直接根据概念来记忆就很难有好的记忆效果，也很难区分；如果利用图像，如图10-1所示，就能很好地记住其特点，而且也有助于在实际解题中运用。

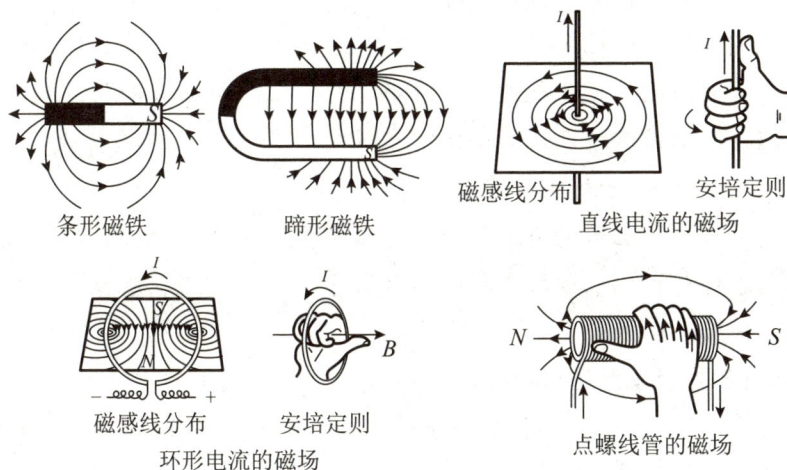

条形磁铁　　　　蹄形磁铁　　　　磁感线分布　　　　安培定则
　　　　　　　　　　　　　　　　直线电流的磁场

磁感线分布　　安培定则　　　　　　点螺线管的磁场
环形电流的磁场

图10-1　常见的磁场

10.4　实验记忆 ☆

　　理综学习中实验是非常重要的一部分，实验记忆这种体验式的记忆方法是帮助我们加深印象的实用的记忆方法，通过观察或者实验就能真正理解知识要点。

实验记忆是从生动直观到抽象思维，我们通过自我操作去思考和总结知识的本质，然后将我们观察到的现象与知识联系起来，达到深入理解的目的。

化学方程式是化学实验的忠实和本质的描述，是实验的概括和总结。因此，依据化学实验来记忆有关的化学反应方程式是最行之有效的。例如，硫在氧气中燃烧，可以记忆联想。其实这是告诉我们根据反应物和生成物进行配平就可以了。

小试牛刀

（1）化学实验硫的燃烧过程

我们通过实验就会有这样的记忆："燃硫入氧，燃烧变旺；火焰蓝紫，美丽漂亮；产生气体，可真够'呛'"，那么在写反应式的时候我们就能根据这些记忆写出化学方程式。

（2）关于种子的生长过程

我们可以自己培育蚕豆种子，从亲手剥、观察、分析、讨论其结构和发育过程，以此理解和记忆植物种子、种皮、胚、胚乳、子叶、胚芽、胚轴、胚根等名词。

（3）关于绿色植物的代谢过程

我们可以对一盆鲜花进行分析，比如在栽培蔬菜的时候发现菜的叶片发黄，于是就给作物施肥（提问：施什么肥料？），把肥料施在作物边的土壤上（问：这些肥料是怎样一步一步到达根细胞内，又是怎样到达蔬菜的叶片？），刚施下肥料的时刻，发现菜叶发生萎蔫（问：为什么？应采取什么补救措施？），到达蔬菜的叶片后为什么能使蔬菜的叶片变绿？怎样起作用？几天后，发现先发绿的是菜的哪些部位？为什么？栽培过程中，发现被虫子吃了（问：怎么办？人工抓虫？农药喷洒？激素喷洒？或培养转基因产物？或其他？）。

第11章
高中文综的记忆方法

高中文综包括历史、政治、地理三门学科，其中涉及的知识点很多，要求记忆的内容也比较多。所以，文综的知识点学习很考验记忆力，因为知识面涉及广，在记忆过程中一定要运用各种记忆方法来提高整体的记忆效果，尤其是在表述的准确性和有效性方面。

11.1　提纲记忆 ☆

　　提纲记忆是指将学习知识通过编写提纲的过程，分类、整理、综合、分析、概括成便于记忆的线索材料进行记忆的方法。它主要是对记忆的内容进行提纲化，条例清晰，充分表现知识的结构性和逻辑性。提纲记忆是让我们能更直观、更概括、更有条理地掌握知识内容，让自己的大脑及时作出反应，所以我们自己制定提纲时要重视概括知识的内容，同时也要做到总结到位，直击主题，让人印象深刻。一般提纲性记忆的知识如果有层次性，那么在做提纲时就要注意层级之间的关系，要做到层次分明，将整个系统的知识脉络表述清楚。

　　编写提纲的过程就是一个知识的分析、概括、理解和表述的过程。不仅在日后复习有很大的作用，同时也是真正深入理解知识的有效过程。

　　文科学科上很多记忆内容是由大量的文字组成，如果没有提纲记忆，就会显得杂乱。确定容易记忆的提纲可以作为记忆的提示点，所以这些提纲总结是有技巧的。有些人进行提纲记忆时，记忆深度不够，往往只是接触一些"皮毛"就不再深入，因此没有发现这种记忆方面的好处。

　　在提纲记忆中要明确的就是分三步进行：首先要认识知识，这里重点对记忆内容的提要和目录进行分析，弄清楚每一个章节之间的关系，然后看相关的前言和后记，对记忆知识点的背景有一个了解，并能把握其本质；其次要利用自己的知识进行概括，不能单纯利用书中已有的章节标题，而是要总结出自己的条理，这是一个"转变"的过程，将书中的知识转化成了自己的知识；最后利用自己的语言将提纲列出来，这是通过"大脑加工"之后的成果，我们不仅能看到自己对知识的理解，还有自己对内容的进一步拓展。

提纲记忆的方法在运用过程中有几个细节是不能忽视的，首先要学会判断，不是所有知识都是适合提纲记忆的，尤其是要从篇幅上分析提纲记忆的可行性；列提纲的时候要分清楚主次，对于主要的内容要表述全面，而次要的只要点到为止；提纲毕竟不是所有的内容，所以要带着提纲及时复习，保证这些提纲记忆是有价值的。

小试牛刀

政治学习中很多知识都需要列提纲，这里以"文化与生活"中的知识为例，利用提纲记忆法帮助我们记忆。

（1）文化现象的普遍性与特殊性

● 普遍性

回顾人类社会发展历程，文化现象无时不在；

环顾我们身边的生活，文化现象无处不在。

● 特殊性

不同国家、不同民族、不同区域的文化，无不呈现出各自的特色。

（2）文化的内涵

文化生活中所讲的文化，是相对于经济、政治而言的人类全部精神活动及其产品。既包括世界观、人生观、价值观等具有意识形态性质的部分，又包括自然科学技术、语言和文字等非意识形态的部分。

（3）文化的特点

● 文化是人类社会特有的现象。文化是由人类所创造、为人类所特有的。有了人类社会才有文化，文化是人们社会实践的产物。

● 每个人的文化素养，是通过对社会生活的体验，特别是通过参与文化活动、接受知识文化教育而逐步培养出来的。人们在社会实践中创造和发展文化，也在社会生活中获得和享用文化。

● 人们的精神活动离不开物质活动，精神产品离不开物质载体。

（4）文化的形式

- 思想、理论、信念、信仰、道德、教育、科学、文学、艺术等都属于文化。
- 人们进行文化生产、传播、积累的过程，都是文化活动。

（5）文化的作用

- 文化是一种社会精神力量，能够在人们认识世界、改造世界的过程中转化为物质力量，对社会发展产生深刻的影响。
- 文化的影响，不仅表现在个人的成长历程中，而且表现在民族和国家的发展历史中。
- 人类社会发展的历史证明，一个民族，只有物质和精神都富有，才能自尊、自信、自强地屹立于世界民族之林。

11.2 归类记忆 ☆

　　归类记忆就是将所记忆内容按不同属性进行总结归纳，让分散的知识点集中到某个特点上，从而达到集中记忆的方法。这种记忆方法要求前期的工作充分有效，至少要做到对知识的全面理解，并有扎实的基础，把已经学过的和新学的内容联系在一起。

　　运用归类记忆的时候要抓住关键点，删繁就简，高度浓缩，最好的方法就是利用自己的理解把知识中的重点内容串在一起，让自己的记忆形成一条线，只要一个知识点记忆起来，剩下同类或者相关的知识都能联系起来。

　　文科知识内容繁多，零散记忆难度很大，不过使用归类记忆能够把相关的知识点串联起来，就如同一颗大树干有很多分叉分支，只要我们找到主干去回忆，顺着线索自然就能完整地记起所有知识。

　　在学习中善于总结归纳，如果把具有相同或者相近特征的内容归纳联系在一起进行记忆，就会有很好的效果。归类记忆会把一些容易被人忽视的知识点和其他知识点连起来，肯定不会轻易忘记。

　　具体操作归类记忆方法时要突出一些知识上的特点，如果能做到恰当选择，就能运用自如。对于那些比较长的概念、结论等可以进行相应的简化和省略，在用词上要做到简单明白；对于内容非常多的材料，直接找到关键词句，概括内容即可；对于一些固定的用法或者重点内容，总结到提示语，即能突出相应的记忆效果。

　　归类记忆法要根据知识的不同属性来确定类别，有时候可以对主题进行归类，有时候就是互相形成对比的归类，总之，要在材料的分析基础上才开始归类，让整个知识体系有逻辑性和完整性，这样即使知识再深奥难懂，都能顺利记忆下来。更好的是将这些类别归纳方法联合运用起来，加深印象，并锻炼自己的思维能力和概括能力。

小试牛刀

（1）历史事件的记忆

将下列历史条件总结成数字"一、二、三、四、五"

- "一"表示一次变法——戊戌变法运动
- "二"表示两个阶级——中国民族资产阶级和中国无产阶级
- "三"表示三次革命高潮——太平天国运动、义和团运动和辛亥革命
- "四"表示四个阶段——中国沦为半殖民地的开始阶段，主要标志事件是鸦片战争的爆发和《南京条约》的签订；半殖民地的加深阶段，主要标志性事件有第二次鸦片战争、《天津条约》《北京条约》和《马关条约》的签订；半殖民地的确立，主要标志事件是八国联军侵华战争的爆发和《辛丑条约》的签订；中国反帝反封建斗争的胜利，主要标志事件是辛亥革命。
- "五"表示五次帝国主义侵华战争——鸦片战争、第二次鸦片战争、中法战争、甲午中日战争、八国联军侵华战争。

（2）地理知识的记忆

- 中国的五岳——东岳泰山、西岳华山、南岳衡山、北岳恒山、中岳嵩山。
- 中国六大古都——北京、南京、洛阳、开封、西安、杭州。
- 非洲国家国民带"马"字——马达加斯加、马里、马拉维。
- 美洲国家带有"巴"字——巴巴多斯、巴西、巴拉圭、巴哈马、巴拿马。

11.3　数字记忆 ☆

在文科学习中也可以利用数字方法来记忆，尤其是在记忆历史年代，可抓住一些数字间的特征进行记忆。当然像历史年代还是占少数的，大部分数字都是没有规律的，而且这样的方法适合在总复习时使用，它可帮助我们从多个角度来掌握历史年代、事件。

小试牛刀

（1）简单算术法

有一些历史年代的数字可分解为简单的算式，如：

- 加法

李时珍编著本草纲目的时间是在1578年，这可看成是15=7+8；法国农民起义是在1358年，可看成是13=5+8。

- 减法

周平王东迁是在公元前770年，可看成是7-7=0；日本幕府政治建于1192年，可想成11-9=2。

- 乘法

清军入关是在1644年，可看成是16=4×4；1234年蒙古灭金：12=3×4。

● 除法

秦统一于前221年：2/2＝1；

北魏灭西蜀263年：2＝6/3。

（2）年代等距法

● 相隔两年

1917年十月革命，1919年五四运动。

1921年中国共产党建党，1923年二七罢工等。

● 相隔十年

1901签订《辛丑条约》，1911年辛亥革命，1921年中央召开"一大"等。

● 相隔百年

1689年《中俄尼布楚条约》签订，　1789年法国爆发资产阶级革命。

（3）数字特征法

抓住某些历史年代数字在排列上的特征来记忆。

● 重复排列

1616年，努尔哈赤建立后金；

1919年，共产国际建立。

● 轴对称排列

383年，淝水之战；

646年，日本大化维新。

● 整数排列

1900年，义和团运动；

1600年，东印度公司成立。

● 两边对称排列

1881年，《中俄伊犁条约》签订。

● 自然数排列

1789年，法国资产阶级革命；

1234年，蒙古灭金。

● 三数重重排列

1888年，英国侵略西藏；

1777年，美国萨拉托加战役等。

11.4　比较记忆 ☆

　　比较记忆主要是可以帮助我们更准确地记住容易混淆的知识，这是记忆文综学科知识时经常会用到的方法。在学习过程中会遇到一些知识内容是相互对立的，或表面极其相似但本质上有差异的，以及同类型不同事物的，这就要求我们能够仔细辨析，所以利用比较法记忆可以通过比较形成鲜明的对比，从而在大脑中留下深刻的印象。

　　比较记忆的过程中，我们能在比较过程中发现相同或者相似的事物有其独特之处，如果能很好地抓住这些独特点，就会对知识点产生深刻的记忆，并能顺利应用于实际解题中。

　　要想学习效果好，一定要轻松记忆，不要硬性记忆。通过比较我们的学习过程就会少一些负担，多一些自如。在作比较的过程中如果无法准确地抓住事物特点，就可以先看一些参考书籍，在老师或参考书的帮助下进行对比分析，让自己逐渐形成比较的思维方式，轻松提升记忆效果。

小试牛刀

　（1）对不同国家发生的相似历史事件记忆

● 日本的明治维新运动与中国的戊戌变法运动；

● 法国的巴黎公社起义与俄国的十月革命。

　（2）对不同历史背景下发生同类历史事件记忆

● 太平天国运动与义和团运动；

● 第一次世界大战与第二次世界大战的爆发；

- 俄国的"二月革命"与"十月革命";
- 美国的独立战争和内战。

（3）对同一时期发生的同类历史事件记忆

- 南昌起义、秋收起义和广州起义;
- 中国解放战争中辽沈战役、淮海战役、平津战役的时间、地点、战果等。

（4）同一历史内容在不同历史时期记忆

- 秦、唐、明、清各朝代中专制主义中央集权;
- 夏商至明清各代中司法机构的设置及权限分工;
- 汉、唐、清农业制度。

（5）地理知识内容

- 恒星、行星、卫星的特点和运动规律;
- 长江上中下游河道特征和水文特征;
- 我国四大高原、四大盆地、三大平原的海拔高原、分布特征、地表特征等;
- 世界各主要大国的自然特征与经济特征;
- 世界四大洋的面积、平均深度、资源、平均盐度、海底地形特征等。